中华复兴之光
悠久文明历史

兴旺畜牧渔业

牛 月 主编

汕頭大學出版社

图书在版编目（CIP）数据

兴旺畜牧渔业 / 牛月主编. -- 汕头 ：汕头大学出
版社，2016.1（2019.9重印）
　　（悠久文明历史）
　　ISBN 978-7-5658-2328-2

　　Ⅰ．①兴… Ⅱ．①牛… Ⅲ．①畜牧业经济－经济史－
中国－古代②渔业经济－经济史－中国－古代 Ⅳ．
①F329.02

中国版本图书馆CIP数据核字(2016)第015177号

兴旺畜牧渔业　　　　　　　　XINGWANG XUMU YUYE

主　　编：牛 月
责任编辑：宋倩倩
责任技编：黄东生
封面设计：大华文苑
出版发行：汕头大学出版社
　　　　　广东省汕头市大学路243号汕头大学校园内　邮政编码：515063
电　　话：0754-82904613
印　　刷：北京中振源印务有限公司
开　　本：690mm×960mm　1/16
印　　张：8
字　　数：98千字
版　　次：2016年1月第1版
印　　次：2019年9月第3次印刷
定　　价：32.00元
ISBN 978-7-5658-2328-2

前言

党的十八大报告指出："把生态文明建设放在突出地位，融入经济建设、政治建设、文化建设、社会建设各方面和全过程，努力建设美丽中国，实现中华民族永续发展。"

可见，美丽中国，是环境之美、时代之美、生活之美、社会之美、百姓之美的总和。生态文明与美丽中国紧密相连，建设美丽中国，其核心就是要按照生态文明要求，通过生态、经济、政治、文化以及社会建设，实现生态良好、经济繁荣、政治和谐以及人民幸福。

悠久的中华文明历史，从来就蕴含着深刻的发展智慧，其中一个重要特征就是强调人与自然的和谐统一，就是把我们人类看作自然世界的和谐组成部分。在新的时期，我们提出尊重自然、顺应自然、保护自然，这是对中华文明的大力弘扬，我们要用勤劳智慧的双手建设美丽中国，实现我们民族永续发展的中国梦想。

因此，美丽中国不仅表现在江山如此多娇方面，更表现在丰富的大美文化内涵方面。中华大地孕育了中华文化，中华文化是中华大地之魂，二者完美地结合，铸就了真正的美丽中国。中华文化源远流长，滚滚黄河、滔滔长江，是最直接的源头。这两大文化浪涛经过千百年冲刷洗礼和不断交流、融合以及沉淀，最终形成了求同存异、兼收并蓄的最辉煌最灿烂的中华文明。

五千年来，薪火相传，一脉相承，伟大的中华文化是世界上唯一绵延不绝而从没中断的古老文化，并始终充满了生机与活力，其根本的原因在于具有强大的包容性和广博性，并充分展现了顽强的生命力和神奇的文化奇观。中华文化的力量，已经深深熔铸到我们的生命力、创造力和凝聚力中，是我们民族的基因。中华民族的精神，也已深深植根于绵延数千年的优秀文化传统之中，是我们的根和魂。

中国文化博大精深，是中华各族人民五千年来创造、传承下来的物质文明和精神文明的总和，其内容包罗万象，浩若星汉，具有很强文化纵深，蕴含丰富宝藏。传承和弘扬优秀民族文化传统，保护民族文化遗产，建设更加优秀的新的中华文化，这是建设美丽中国的根本。

总之，要建设美丽的中国，实现中华文化伟大复兴，首先要站在传统文化前沿，薪火相传，一脉相承，宏扬和发展五千年来优秀的、光明的、先进的、科学的、文明的和自豪的文化，融合古今中外一切文化精华，构建具有中国特色的现代民族文化，向世界和未来展示中华民族的文化力量、文化价值与文化风采，让美丽中国更加辉煌出彩。

为此，在有关部门和专家指导下，我们收集整理了大量古今资料和最新研究成果，特别编撰了本套大型丛书。主要包括万里锦绣河山、悠久文明历史、独特地域风采、深厚建筑古蕴、名胜古迹奇观、珍贵物宝天华、博大精深汉语、千秋辉煌美术、绝美歌舞戏剧、淳朴民风习俗等，充分显示了美丽中国的中华民族厚重文化底蕴和强大民族凝聚力，具有极强系统性、广博性和规模性。

本套丛书唯美展现，美不胜收，语言通俗，图文并茂，形象直观，古风古雅，具有很强可读性、欣赏性和知识性，能够让广大读者全面感受到美丽中国丰富内涵的方方面面，能够增强民族自尊心和文化自豪感，并能很好继承和弘扬中华文化，创造未来中国特色的先进民族文化，引领中华民族走向伟大复兴，实现建设美丽中国的伟大梦想。

目 录

古代畜牧

古代兽医

古代渔业

古代畜牧

　　我国的畜牧业，始于旧石器时期原始人类的狩猎，后经人们对所捕野兽的驯化，到先秦时期已出现了饲养家畜的牧场。从这时起，畜牧业作为一个新的行业步入历史舞台。

　　在我国畜牧业长期发展的过程中，古人在实践的基础上，选育出马、牛、羊、猪等大型家畜及鸡、鸭、鹅等小型家禽。

　　与此同时，古人还发展了饲养这些动物的丰富的选种、饲养和管理技术，而这一套完整的家畜家禽驯化饲养技术，成为了中华文明的重要组成部分。

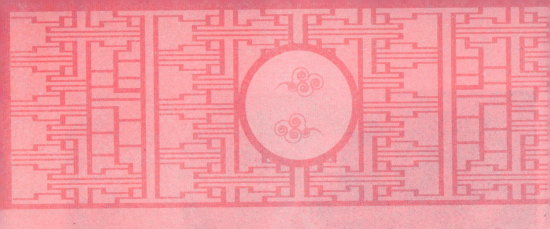

远古时期畜牧业的产生

　　畜牧业的起源是人类历史上的一件大事，它是人类社会发展到一定阶段的必然产物。考古发现，自旧石器时期的元谋人开始，包括以

后的蓝田人和北京人，他们已经发明了用于狩猎的工具，这便为畜牧业的起源打下了基础。

　　家畜的驯化和饲养始于1万年前。畜牧业的起源是有其内在原因的，而旧石器时期的华夏大地，就具备了产生畜牧驯养的内在原因和外在条件。

　　根据某一事物的产生应有内因和外因同时作用的一般规律，可以将畜牧业产生的原因，分为内因和外因两个方面。内因又分为来自人类方面的内因和来自动物方面的内因。

　　来自人类方面的内因在于人类狩猎能力和手段的增强，是驯化动物的重要条件。在旧石器时期，人们的狩猎能力已经大幅度地提高了，并具备了捕获大多数食草和杂食野生动物的能力。

　　在距今两三万年前的高级类人猿生活时期，由于气候等方面的原因，高级类人猿不得不从森林走向平地，他们学会了制造工具，劳动，逐渐直立行走，成为今天的人类的祖先。当时的人类，由于生活的需要，便努力获得更为有效的求生本能。

　　在陕西蓝田，发现了生活在距今近百万年前的蓝田人，已经能够制造石器，不过其石器非常简陋，有砍砸器、刮削器、大尖状器、手斧和石球等。

　　这些工具中就有被用于狩猎的，鸟类、蛙类、蜥蜴、老鼠常常成为人类的食物，鹿、野猪、羚羊和野马等，也不时成为狩猎的对象。

到了距今60万年前山西芮城匼河遗址，除发现了砍砸器、刮削器、三棱大尖状器外，还有小尖状器和石球等。

在我国西南部的贵州，旧石器时期的早期遗址有黔西的观音洞，在出土的3000多件的石制品中，多数为刮削器，也有少量的砍砸器和尖状器，该遗址的早期较北京人时代早。

到了距今天更近一些的周口店北京猿人时期，主要生活在洞穴之中，出土的工具有砍砸器、各式刮削器、小尖状器和石锤、石钻等，猎取大型野兽是北京猿人的经常性活动。

在其遗址中有李氏野猪、北京斑鹿、肿骨鹿、德氏水牛、梅氏犀、三门马、狼、棕熊、黑熊、中国鬣狗等，当时北京猿人狩猎的工具主要是木矛，它是由木棒加工而成的。

在北京猿人居住的岩洞中，上部、中部和下部的地层中，均发现了用火的遗迹，说明北京猿人已学会使用火了。

火的发明是人类历史上的一大进步，意义重大。它不仅为人类的定居创造了条件，使狩猎的进一步发展成为可能，还借助火取暖，开拓生存空间，使人类可以进入较为寒冷地区生活。此外，用火烹制熟食，对人类的智力发育也有积极作用。

到了旧石器时期的中期和晚期，人类狩猎技术又有了较大的进步，其主要表现是石球的使用和弓箭的发明。

石球最早见于陕西蓝田人遗址中，学者都倾向于其是被用于狩猎活动的。随后的许家窑文化遗址、陕西梁山旧石器时期遗址、山西的丁村遗址中，都发现了大批量的石球。据研究，早期的狩猎民在使用石球时，常常直接用石球砸向动物。

弓箭的发明代表着人类狩猎能力的大大提高，陕西的沙苑遗址、东北的扎赉诺尔遗址、山西的峙峪遗址都分别出土了石箭头，其中峙峪遗址出土的石箭头被核定为距今2.8万年前。弓箭的发明和利用，可以远距离地猎获动物。

石球和弓箭的发明和运用，均可以远距离地对动物实施攻击，说明当时的人类已具备有效远距离猎狩大型野生动物的能力。

　　既然人类能猎获较大型凶猛的动物，当然就有能力捕获一些性情比较温顺的动物或者年幼的个体，如食草动物马、牛、羊、驴，杂食动物猪和狗等等。

　　随着狩猎能力的逐渐提高，猎到的野兽有时一时吃不完，就拘系着它们，以待没有食物时再食用。通过拘系的办法进行贮藏，人类便在与大自然的生存斗争中迈开了一大步，大大加强了人类对动物特征和特性的了解。

　　远古畜牧业的产生，除了来自人类自身的原因外，还有来自动物方面的内因。主要表现是野生动物作为地球生物圈中的一员，客观上具备了与人类友好相处的条件。

　　在极其遥远的旧石器时期，人类要想把生活在大自然中的野生动物驯化成为我所用的家畜，就必须借助于动物的天性。假如野兽坚决不予合作，或其兽性难以改变，人类也没有什么办法。

　　能够成为家畜和家禽的动物，必须具备能被人类控制的习性。至

于老虎和豹等肉食动物，人类一直试图驯化它，直到今天仍未获成功。这类动物的天性难以改变，捕获以后，只能关在铁笼中，人类不可能安全地与其直接接触。

而有些动物通过人类稍微地实施驯化，就可能会变成家畜，如野猪、野马和野羊等。这也是早期相互隔绝的不同地区，均不约而同地驯化了相同的野生动物的主要原因。

动物被人类驯化的另一个原因，是因为动物与人类有着非常密切的生态关系。在一定的生态条件下，地球上的各种生物之间有一条食物生态链连接着。

食物生态链是指生物群落中各种动物和植物由于食物的关系所形成的一种联系。在生物群体中，许多类似的食物链彼此交错构成关系复杂的食物网络，人类也被纳入这种食物网络中，由此与各种动物结下不解之缘。

现在人类饲养的家畜和家禽，都与人类的食物链有着一定的关系。比如，人遗弃的食物为猪、狗、鸡等家畜所喜食，而猪、狗、鸡的产品肉蛋等为人类所喜食。

这种因各自的偏好而构成的食物链关系，导致人类和动物相互追逐对方的足迹，始终保持着若即若离的状态，为人类日后驯化动物提供了便利。在人类和动物的漫长的交往过程中，当人类需要与动物建立良好关系的时候，往往也是人类需要动物的时候。人类给动物以额外的保护，成为其供食者和保护者。

经过长期的人与动物的友好交往过程，动物便习惯了人类所提供的相对舒适、现成的生活环境，而淡忘野外那种相对恶劣的生活环境，久而久之，人与动物的这种新型关系便建立起来了。

一方面，人是动物的保护者和部分食物的提供者；另一方面，动物是人类的活的食物库，它们随时都有可能被宰杀而作为食物，相互之间的依赖显得缺一不可，动物进入人类生活世界之中便是必然的事情了。到了新石器时期，我国传统的"六畜"猪、狗、牛、羊、鸡、马已基本齐备。当时的家畜的体质形态基本与现代家畜相同。

知识点滴

据说，一次，神农氏和大家一起围猎，来到一片林地。林地里，凶猛的野猪正在拱土，长长的嘴巴伸进泥土，一撅一撅地把土拱起。一路拱过，留下一片被翻过的松土。

野猪拱土的情形给神农氏留下了深刻印象，他反复琢磨，先将打猎用的尖木棒插在地上，再用脚踩在横木上用力让木尖插入泥土，然后将木柄往后扳，尖木随之将土块撬起。这样连续的操作，便耕翻出一片松软的土地。

人们从动物的身上得到了许多的启发，使得在以后的岁月里人与动物的关系越来越和谐。

先秦畜牧业发展新阶段

在原始社会时期，随着社会
生产力的提高，洞养圈养的野兽也
越来越多。随着岁月的流逝，部分
野兽的性情开始渐渐温顺起来，进
而驯化为家畜，这样就开始了初期
的畜牧业。

随着时间的推移，到了先秦
时期，我国已经出现了较大规模的
畜牧场所，畜牧工具与畜牧技术也
有了很大发展。为了养好家畜，当
时在管理畜群、修棚盖圈、减少家
畜伤亡等方面也有不少创造。

我国古代畜牧业的发展，始于原始社会时期，到奴隶社会开始的夏代，农业、畜牧业和手工业的分工开始明显，而以农业为主的定居生活，促进了畜牧业的发展。此时，我国畜牧业和家畜利用进入一个新的发展阶段。

夏代，由于青铜工具的使用，使农牧业有很大的发展，专职人员的放牧，饲养中圈养的发展，饲草的制备贮存，使畜群不断增长。

商代的畜牧业也继续发展，"六畜"已普遍饲养。在殷墟甲骨文中，有刍、牧、牢、厩、庠等反映畜养方式的文字，有反映马、猪去势的文字，也有一次祭祀用牛300头、马300匹以至千牛的卜辞。

这些文字形象地反映了殷商时期畜牧业的发展状况。这一时期黄河流域有野象，有研究表明，商代人曾经驯象。

夏商时期，定期配种和淘劣选优的配种制度使畜群的品质不断提高。在我国现存最早的一部汉族农事历书《夏小正》中，已有关于牲

畜的配种、草场分配和公畜去势的记载。去势就是阉割，用于养殖业中以提高存活率和质量。

经过不断的选育和改良，家畜的繁育技术日臻完善和进步，在此基础上育成了无数的家畜家禽品种。其中不仅有伴随我国历史上伟人拼杀疆场的名驹名马，还有无数造福芸芸众生的珍禽良畜。

西周的畜牧业也很发达，约成书于战国时期的《穆天子传》中，记述周穆王到西北地区游历，沿途部落贡献的肉食——动物马、牛、羊，动辄以千百计，反映了当地畜牧业的发达。

《诗经》中也反映了西周畜牧业的情况。《诗经·君子于役》中说："鸡栖于埘，日之夕矣，羊牛下来。"意思是说，黄昏时分，鸡已经回到窝里栖息了，日头垂挂天西，羊牛已经走下山坡归栏了。反映了农村中饲养畜禽的普遍。

《诗经·无羊》中说："谁谓尔无羊？三百维群。"意思是说，谁说你没有羊呢？你的羊，一群就有300多头。反映了贵族畜群的庞大。

当时地广人稀，原野不能尽辟，农田一般分布在都邑的近郊，郊外则辟为牧场。据《诗经·尔雅·释地》中记载：

邑外谓之郊，郊外谓之牧，牧外谓之野。

意思是说，在城市或城镇的周围叫郊区，那里是人们耕种的地方；郊区的外围叫牧，是放牧的地方；牧区的外围叫野，是野兽出没的地方。由此可见，当时确实已经划出了放牧牛羊和马的各类牧场。

《周礼》中也记载了西周管理畜牧生产的专门机构，在一定程度上反映了西周畜牧业的发展。以养马为主的官营畜牧业也在《周礼》中有集中的反映。

《周礼》中记载了一整套的朝廷设置的畜牧业职官和有关制度。"牧人""校人""牧师""圉师""趣马""巫马"等，分别负责马的放牧、繁育、饲养、调教、乘御、保健等。如此细致而明确的专业分工，表明在当时的畜牧业已经发展到相当高的水平了。

当时从事放牧的奴隶称为"圉人""牛牧"，奴隶头目称为"牧正"，有的牧正后来成了奴隶主的仆从，到封建社会时代还有升到九卿爵位的。

根据《礼记》的记载，夏商周三代对驾车用的军马和祭祀的牺牲已讲究毛色的选择。为了养好家畜，当时在管理畜群、修棚盖圈、减少家畜伤亡等方面，确实有不少创造。

春秋战国时期的畜牧业相当发达，牛马主要作为农耕和交通的动力，家畜已成为民间重要的食物来源。

如管仲在《孟子》中就说过：

五母鸡，二母彘，无失其时，老者足以无失肉矣。

意思是说，养5只母鸡，两头母猪，不耽误喂养时机，老人就可以吃上肉了。

越国的范蠡曾对鲁国商人猗顿说："子欲速富，当畜五牸。"意思是说，要想富裕，就要经营雌性牛、马、猪、羊、驴。说明畜养母马、母牛、母羊、母猪和母驴，已成为当时致富快捷方式。

这一时期，华夏大地已经形成了农区、牧区和半农半牧区。西北和塞北是牧区，以食草动物马、牛、羊为主；中原为农区，养畜业也受重视。家畜成为了社会财富的代表。《管子》一书中还把畜牧生产发达与否作为判断一个国家贫富的标志。

总之，先秦时期的畜牧业已经有了飞速的发展，畜牧业在生产中已占有重要的地位，较远古时期大为进步和提高。

猗顿原是鲁国一个穷困潦倒的年轻人，他听说越王勾践的谋臣范蠡在十几年间就获金巨万，成为大富，自号"陶朱公"。猗顿羡慕不已，试着前去请教。

范蠡十分同情他，便告诉他饲养雌性牲畜，以便繁衍，日久遂可致富。

猗顿按照范蠡的指示，迁徙西河，开始畜牧雌性牛羊。当时这一带土壤湿润，草原广阔，水草丰美，是畜牧的理想场所。

由于猗顿辛勤经营，畜牧规模日渐扩大，10年之间，能以畜牧而富敌王公。并以此起家，成为了日后的大商人。

知识点滴

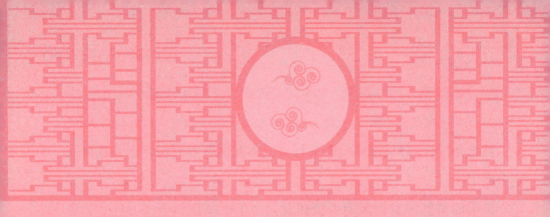

秦汉畜牧业的迅速发展

秦汉时期的畜牧业，在当时的社会经济中占有重要的地位。畜牧生产的经营管理体制渐趋完备，畜牧生产在国民经济中的地位日益提高，这充分体现了畜牧生产的重要性。

这一时期的畜牧业得到了迅速发展，牧场及群牧规模大大增加，畜牧业经营组织具有该时代特色。

同时，中央还制定了有关牲畜饲养、管理和使用的法律《厩律》，这是我国畜牧业发展历史上的一个巨大进步。

秦汉时期，由于社会经济、政治等诸方面因素的积极影响，畜牧业迅速发展。

秦汉畜牧业之所以发展迅速，首先是因为，大力发展畜牧业是农业生产发展的客观需要。秦汉时期牛耕进一步推广以后，牛成为农业生产中必不可少的生产资料。由于当时农业生产的需要，发展畜牧业势在必行，以提供更多的耕牛。

其次，发展畜牧业又同巩固边防密切相关。秦汉时期，北方及西方游牧民族侵扰严重，为保卫边郡地区的社会生产和国家的安定统一，需要强大的骑兵，这就成为官营养马业发展的重要因素。

再次，为了保证畜牧业的发展，秦汉王朝制定了一系列方针、政策和具体措施，畜政管理，发展官营畜牧业，鼓励和扶植私人畜牧业生产，积极实行保护牲畜的措施等。上述各项政策和措施，在秦汉畜牧业生产的发展中，都起过积极的作用。

更为重要的是，秦汉时期统一的多民族国家的建立和巩固，为秦汉畜牧业的发展提供了可靠保证。统一国家建立以后，社会环境较安定，边郡畜牧业资源得以集中开发与合理利用。

在统一的环境下与少数民族的交往，使一些新畜种、新饲料品种及某些先进的畜牧业生产技术传入中原，这些作用都不可忽视。

秦汉时期的畜牧业发展很迅速，其表现首先是生产地区十分广泛。秦汉王朝十分重视对西部、北部边郡地区的开发利用，广建官营牧场。

西汉初年，朝廷有6个大马苑，养马30万匹，阡陌之间马匹成群。当时也有许多著名的大牧主依靠官营牧场发展畜牧业。

边疆地区畜牧业尤为发达。据西汉史学家司马迁《史记》记载，秦国的乌氏所养牛马之多，要用山谷来计数，秦始皇因此奖他为封君。秦时凡是牧马超过200匹，养牛、羊或猪多达1000的畜牧大户，可以享受千户侯待遇。可见，秦汉时期的牧场是非常发达的。

秦时已建立太仆寺掌管国马，在西北边郡还设立官营牧场牧师苑，养马几十万匹。

我国古代的经济区划大致可分为牧业区、农业区和半农半牧区。

半农半牧区主要分布在西北边疆一带，具有发展畜牧业和农业的良好条件。

秦汉王朝对该地区的发展极为重视。其畜牧业的发展在秦汉时期占有极重要的地位，这一地区的存在是当时畜牧业发达的重要基础和标志。

内地虽不宜发展大规模群牧式畜牧业，但官民都普遍采用了厩舍饲养和小群牧养的方式，牲畜的总头数也很可观。

这一时期对不同牲畜的经济作用也有了足够的认识，重视马、牛在军事、农耕、交通方面的作用，因此，养马业、养牛业的发展很突出。

新畜种也不断引进，如原产于匈奴地区的骡、驴在东汉已为常见之役畜。作为肉畜的鸡、猪，生产地区广泛，但由于每个生产单位的规模很小，能提供肉畜的数量有限。乳畜在中原地区亦有了一定程度的发展。

为了丰富家畜种类和改良家畜质量，汉代已注意到从西域引入驴、骡、骆驼以及马、牛、羊良种。汉武帝派张骞联络大月氏，获悉西域产良马，并带回西域首蓿种子在长安地区试种。后来汉武帝派李广利带兵前去大苑，带回公马和母马一共3000匹。这一时期在畜牧业生产技术方面有了新的发展，主要表现在家畜优良品种的培育、饲养管理技术的进步、兽医及相畜术的先进等方面。

秦汉时期畜牧业的经营组织，包括边郡大牧主经营、豪强地主的田庄经营、一般农家经营、官府经营等不同类型。大牧主经营主要集中在边郡、生产规模较大，生产的专业性较强，产品的商品率高。

豪强地主经营的畜牧业是田庄经济的组成部分，具有明显的自给自足特征。随着封建土地所有制的发展，豪强地主经营的畜牧业发展迅速。

一般农家经营的畜牧业，大牲畜较少，其目的主要是作为一种家庭副业，为种植业的收入略作补充。

汉代有个养殖能手卜式，以养羊致富。汉武帝时鼓励农民养马，曾任用善于养羊的卜式发展养羊业。另外还有马氏兄弟5人，都是养猪能手，梁鸿、孙期等曾在渤海郡养猪，以及祝鸡翁的养鸡，都是当时

有名的畜牧事例。

官府经营牧场也很多。秦汉之间连年战争，畜牧业遭到破坏，役畜损失很多。西汉初期采取休养生息的方针。在发展养马方面，官府充实马政机构，大办军马场。秦汉时期，朝廷对畜牧业加强了管理，制定了相关的管理办法。其中影响最大的是制定了《厩苑律》，它是我国古代有关牲畜饲养的法律。

在古代，牲畜既是重要的生产资料，又是重要的战争工具和祭祀用品，朝廷对牲畜的饲养、管理和使用非常重视。类似法规在先秦时期就已经出现了。在陕西岐山县出土的西周青铜器铭文中就有"牧牛"一职，说明《周礼》有关西周已设职掌管厩牧的记载是可信的。

秦朝廷制定畜牧法规《厩苑律》及其他有关条款规定。秦朝廷分管厩牧事务的是内史、太仆和太仓等官。在地方由县令、丞以及都官管理，令、丞和都官以下，有田啬夫、厩啬夫、皂啬夫、佐、史、牛长、田典、皂和徒等负责畜牧方面的具体工作。

　　关于牛马的饲养，秦代有定期检查评比制度，每年正月举行考核，成绩优秀者奖励，不按时参加评比或在评比中列为下等的，饲养者和管理者要受惩罚。

　　秦代条律还规定，官有的牛马死亡，应及时呈报所在的县府，由所在县检验后将死牛马上缴。如不及时上缴，致使牛马腐烂，应按未腐烂时的价格赔偿。如果是朝廷厩马或驾用牛马，应将其筋、皮、角和肉的价钱呈缴，所卖的钱少于规定数目，驾用牛马者应予补足。

　　朝廷每年对各县、各都官的官有驾车用的牛检查一次，凡有10头以上牛且一年死三分之一，不满10头牛一年死3头以上，主管的吏和饲牛的徒以及所属县的令、丞都有罪。

　　此外，秦律还规定马匹调习不善，军马评比列为下等的，要惩罚县司马及令、丞。秦代的《法律答问》中还有一些惩罚偷盗马、牛、猪、羊的规定，对牲畜所有权进一步制定了保护性规定。

汉代也有《厩律》，西汉丞相萧何制定的《九章律》，将秦代《厩苑律》列为其中一篇。《九章律》已经失传，但从《汉书·刑法志》中关于《九章律》的记载来看，可知汉代《厩律》的内容与秦《厩律》相差不多。

西汉时，牛耕在黄河流域已较普遍。东汉时，农牧结合经营区逐渐向江南推广，并且更加重视饲养和保护耕牛，将秦律"杀牛者枷"改为"杀牛者弃市"。同时，汉史中已有了牛疫的记载。

汉武帝为适应对匈奴用兵的需要，鼓励马匹繁殖，还制定了《马复令》，规定民养马可以减免徭役和赋税。此外，汉律以重刑惩治盗窃牛马的犯罪，规定"盗马者死，盗牛者枷"，知情不举发也要受惩治。汉代不少地方官员劝说百姓饲养家畜，增加生产。当时养猪、养羊、养鸡很普遍，既可以解决肉食和肥料，又增加了经济收入。

自汉代以来，西域汗血马的神话一直在流传着。传说它前脖流出的汗呈血色，史载"日行千里"，又名"大宛马"、"天马"。

为了得到汗血马，汉武帝曾派百余人的使团，带着用黄金做的马模型前去大宛国，希望以重礼换回大宛马。大宛国王爱马心更切，不肯以大宛马换汉朝的金马。汉武帝又命贰师将军李广利和两名相马专家前去大宛国。

汉军在大宛国选良马数十匹，中等以下公母马3000匹。经过长途跋涉，到达玉门关时仅余汗血马近2000匹。

知识点滴

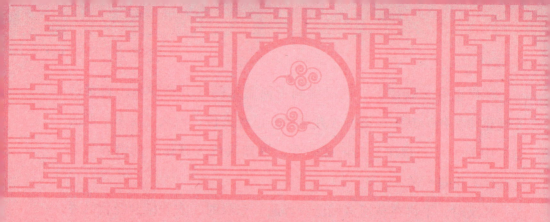

魏晋南北朝畜牧业成就

　　魏晋南北朝时期，游牧民族大量内迁，使中原地区的畜牧业有了很大发展。在广阔的内地牧场，马、牛、羊不计其数，畜牧业的发展达到了一个历史高峰。

　　这一时期，北魏农学家贾思勰所著的《齐民要术》对家畜、家禽的选种，繁育饲养方法、管理细则、疫病防治、畜产品加工，都有较详细的论述。对后世的畜牧生产也有很大影响。

汉代末年至隋初的300多年间，许多游牧民族移居黄河中下游，使北方的畜牧生产有进一步发展。

三国时期，匈奴已进入华北，曹魏模仿汉代的五属国，将进入山西的匈奴分为五部进行管理。十六国时期，"五胡"大举进入内地建立起自己的政权。

"淝水之战"后，鲜卑拓跋氏崛起于山西北部及河北西北部一带，439年统一北方，其后孝文帝迁都洛阳，更多的鲜卑人来到中原腹地，这是汉唐时期规模最大的一次游牧民族内徙。一批又一批的内迁民族带来了一批又一批牲畜。

此外，北魏150年间不断地征讨北方草原上的匈奴、高车、柔然诸部，获得的牲畜也极为可观。据《魏书》的本纪及高车、西域等传，获取百万头匹以上的行动就有6次。如391年破匈奴刘卫辰部时，得"名马三十余万匹，牛羊四百余万头"。

北魏曾将水草丰盛的河西地区辟为牧地，后来又在洛阳附近置河阳牧场。每年从河西经并州，把牲畜徙牧至河阳牧场。北魏本来就是游牧民族，在历次战争中又有数以千万计的俘获，故其畜牧业已超汉唐两代，北方农业区的畜牧成分也于此时臻于极盛。

魏晋南北朝时期，民间畜牧业的发展也达到顶峰。《魏书·尔朱荣传》言尔朱荣在秀容的牛羊驼马以色别为群，以山谷统计数量。由

此反映的是民间马匹之多。

牛在普通百姓中可能比马更普遍，以至于朝廷经常下令作为赋役征发。这显然是在耕牛比较普遍的基础上制定的政策。

羊的饲养量也在增长，北魏农学家贾思勰在《齐民要术·养羊》篇谈种植喂牲口的饲草青茭时，常常以羊1000只的需求量为例，来讲述如何种植，这个数字在当时具有一定的普遍性。

西晋畜牧业也有发展。为了发展农耕，西晋朝廷大办养牛场。据《晋书·食货志》中记载，官办牛场养的种牛就有45000多头，有的地方官吏也动员农民聚钱买牛，鼓励养母牛、母马，还有猪、鸡等。畜牧生产在这一时期得到了发展。

东晋前后，十六国中有的国家以及从北魏开始的北朝五国，其君主是匈奴族、鲜卑族、氐族、羌族等少数民族，他们都重视畜牧业，畜牧生产在这些国家都有不同程度的发展。

在十六国和北朝史书中，有食用乳和乳制品的记载。北魏和北齐的太仆寺内设有驼牛署和牛羊署，北魏在西北养马200多万匹，骆驼约百万头，牛羊更是无数。

魏晋南北朝时期，在畜牧方面的最大成就，便是《齐民要术》的诞生。《齐民要术》书名中的"齐民"，是指平民百姓；"要术"是指谋生方法。

《齐民要术》是北魏时期我国杰出农学家贾思勰所著的一部综合性农书，大约成书于北魏末年，该书系统地总结了我国6世纪以前黄河中下游地区农牧业生产经验、食品的加工与贮藏、野生植物的利用等。此书是世界农学史上最早的专著之一，是我国现存最完整的农书。

《齐民要术》的作者贾思勰是今山东益都人。出身于一个世代务农的书香门第。他从小就有机会博览群书，从中汲取各方面的知识，为他以后编撰《齐民要术》打下了基础。

贾思勰在成年以后，开始走上仕途，曾经做过高阳郡太守等官职，高阳郡就是现在的山东临淄。并因此到过山东、河北、河南等许多地方。

每到一地，他都非常重视农业生产，认真考察和研究当地的农业生产技术，向一些具有丰富经验的老农请教，获得了不少农业方面的生产知识。

贾思勰中年以后又回到

自己的故乡，开始经营农牧业，亲自参加农业生产劳动和放牧活动，对农业生产有了亲身体验，并掌握了多种农业生产技术。

他将许多古书上积累的农业技术资料、询问老农获得的丰富经验，以及他自己的亲身实践，加以分析、整理、总结，写成农业科学技术巨著《齐民要术》。

在《齐民要术》中，贾思勰用6篇文章分别叙述养牛马驴骡、养羊、养猪、养鸡、养鹅鸭、养鱼，详细记述了家畜饲养的经验，特别是吸收了少数民族的畜牧经验，对家畜的品种鉴别、饲养管理、繁殖仔畜到家畜疾病防治，均有记录。

关于《齐民要术》对家畜的鉴别，书中从眼睛、嘴部、眼骨、耳朵、鼻子、脊背、腹部、前腿、膝盖、骨形等方面制定了标准。对于家畜的饲养，书中提到了家畜的居住环境、备粮越冬、幼仔饲养、群养与分养、防止野兽侵害等内容。

《齐民要术》指出，养羊必须贮存干草，经常检查有病无病，用隔离和淘汰病弱畜只的办法，改进畜群素质，并提出一些简便可行的治疗方法。

对于繁殖仔畜，书中介绍了选取良种、家畜的雌雄比例、繁育数量、动物杂交、无性繁殖等内容，对于优化物种、提高生产力有很大的帮助，而且对我国的生物学发展和研究做出了一定的贡献。

在家畜疾病防治方面，《齐民要术》还搜集记载了48例兽医处方，涉及外科、内科、传染病、寄生虫病等方面，提出了对病畜要及早发现、预防隔离、注意卫生、积极治疗等主张。

《齐民要术》中有的兽医处方具有很高的应用价值。例如，书中介绍的直肠掏结术和疥癣病的治疗方法，在后来被广泛运用于兽医领域。这些都是我国古代畜牧科学的宝贵遗产。

贾思勰为了了解畜牧业的生产知识，他开始养羊。刚开始由于缺乏经验，羊死了许多。后来他打听到百里之外有一位养羊高手，就立即赶到那里向老羊倌求教。

贾思勰一到老羊倌家，便拜老人家为师，诚恳地请老人家指教。老羊倌被他的诚意所感动，就把羊的选种、饲料的选择和配备、羊圈的清洁卫生及管理方法等详细地讲给他听。

贾思勰回去后，按照老羊倌的指点，把羊养得膘肥体壮。人们信服地称他为"养羊能手"，前来向他求教的人络绎不绝。

知识点滴

隋唐至明清期间的畜牧业

隋唐至明清1300余年的历史，是一部治乱兴衰的历史。在这一漫长的历史时期，畜牧业也经历了一个波浪式的发展过程，出现了几次发展高峰。

隋唐时期是我国封建社会的鼎盛期，那时我国的畜牧业取得了跨越式的发展。

宋元明清时期，畜牧业在牧场规模、畜口存栏量，以及相关法规等各个方面都有一定的进步。

隋唐五代时期，农业科学技术取得了长足的发展，为畜牧业生产的全面发展奠定了基础。

隋结束战乱纷扰的局面后，畜牧业曾经盛极一时，既存在着一批官牧监，民间畜牧风气也很浓厚。

隋代的牧监是掌牧地的官署，陇右地区既是隋代牧监所在，又是防御突厥、吐谷浑的战略要地，此地民风粗犷，尚武风气浓厚，人人都精于骑射。这就决定了与之相邻的河西地区的畜牧业发展。

隋代是河西地区畜牧业经济发展的一个重要阶段。隋代在历史基础上继续在河西发展畜牧业，这时的河西是全国战马的主要供给地之一。在当时，隋朝廷最大的边患是雄踞于西北的突厥与吐谷浑，朝廷对马匹的征发一日不可缓。因而隋代对河西地区畜牧业的经营，不仅适应了这里经济开发的客观需要，而且具有重要的战略意义。

唐代畜牧业极为兴盛，在我国数千年畜牧发展史上写下了光辉的篇章。其牲畜种类之多、数量之大、品质之佳、畜牧业组织机构之全、立法之详，前超秦汉，后过两宋，名列历代榜首。

唐代畜牧业所以兴盛，一靠政策，如重视马政、选贤任能，制定

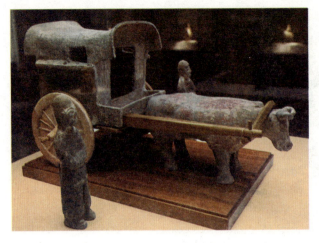

马法、赏罚分明，珍惜耕牛、保护役畜，农牧结合；二靠技术进步，如马籍盛行，引进良种、大力繁殖，牧养有法、储草御冬等。

从唐初贞观至中唐天宝年间，唐代牧监的地域在逐步扩大，而且都偏重在西北地区。牧地西起陇右、金城、平凉、天水，东至楼烦，都是唐代养马之地。

这一带水草丰盛，田土肥腴，气候高爽，特别适宜于畜群繁衍，故秦汉以来就是丰茂的畜牧场地，到了唐代，也很自然地成为了官府畜牧业勃兴的载体。

唐代特别强调以法治牧，严格执法，从而有效地保证了畜牧业长盛不衰。

据《唐会要》记载，西北各监牧的马牛羊驼数量时升时降，开元初是24万匹，开元末升至43万匹。

唐代颁布了《厩库律》，规定牲畜的饲养、管理和使用，还颁布了《厩牧令》《太式》等有关厩牧事宜的专门法律。

此外，唐代对西域大批良种牲畜的引进，促进了中原农牧业生产的发展和畜牧技术的提高。这是民族间友好交往、民族关系得到发展的历史见证。

西域畜牧业对中原农牧业生产的发展做出了重要贡献。西域当时输入中原的牲畜以马为最大宗，唐朝廷积极引进。这里一直是中原王朝良马的主要供应地之一。

此外还有牛、驼、骡、驴等。西域良畜的引进，促进了中原畜种的改良，进一步发展了中原地区的畜牧业，支援了中原的农牧业生产。

随着大批西域良种牲畜的引进，在积极的饲养实践过程中，唐代的畜牧技术得到了很大程度的提高。建立了较为完备的马籍和马印制度，掌握了合理的饲养管理方法，兽医水平也有一定提高。

五代时期，政权更替频繁，战乱不断，黄河流域农、牧业受到破坏。南方九国，国小力弱，必须发展经济，才能安民保境，因而畜牧业的发展相对缓慢。

宋代，传统官营牧场所在的西北边郡多为少数民族占领，宋朝廷将马分散到各地饲养。

宋代初期，养马最多时达15万匹，以后官营养马明显衰落。由于马匹不能满足需要，故从少数民族地区大量购进，茶马互市由此发展起来。

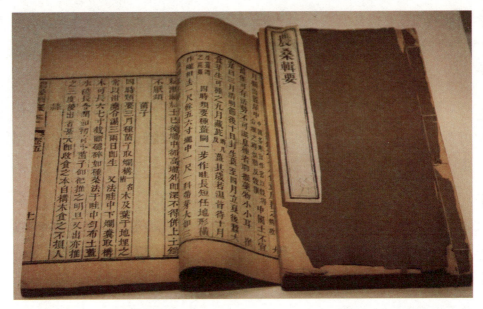

北宋与辽、金、西夏少数民族政权并立，疆域缩小，北境受辽、金威胁侵扰，农、牧业都比唐朝时萎缩。牧场偏重于内地，养马政策摇摆，机构分合不定，养马业不景气。

庆历年间是北宋军备最好的时期，官马总数超过20万匹，但仍不及唐代官马的一半。此时，南方水田增多，水牛、黄牛、猪和家禽的饲养也相应增加。

辽、金、西夏畜牧业相当发达，各个政权对畜牧业很重视，新刊本《司牧安骥集》就是金的附庸政权伪齐刘豫征集刊刻的，使此书得以流传卜来，是我国现存最古老的一部中兽医学专著。《黄帝八十一问》是金朝人撰写的古兽医学重要篇章。

北方崛起的蒙古族统一全国后，建立了元王朝。元代在东北、西北和西南地区建立了规模很大的牧场14处。元代开辟牧场，扩大牲畜的牧养繁殖，尤其是繁殖生息马群，成为元朝廷的一贯政策。

元代牧场广阔，西抵流沙，北际沙漠，东及辽海，凡属地气高寒，水甘草美，都是牧养之地。当时，大漠南北和西南地区的优良牧场，见于记载的有甘肃、吐蕃、云南、河西、和林、辽阳、大同等，不下数十处。大规模的分群放牧，显然对畜牧业的发展有利。

元代官方牧场是大畜群所有制的高度发展形态，也是大汗和各级蒙古贵族的财产。官牧场通过国家权力占有的水草丰美之地，拥有极优越的生产条件，生产设备和牲畜饲料由地方官府无偿供应。

元代由于官牧场的牲畜繁多，牧人的分工更为专业化。记载下来的大致有：称为"苟赤"的骒马倌、称为"阿塔赤"的骟马倌、称为"兀奴忽赤"的一岁马驹倌、称为"阿都赤"的马倌、称为"亦儿哥赤"的羯羊倌、称为"亦马赤"的山羊倌、称为"火你赤"的羊倌等。牧人分工的专业化，也有利于畜牧业的发展。

除此之外，元代还有私人牧场。元代诸王在所分之地都有王府私有牧场，元世祖忽必烈第三子忙哥剌，占领大量田地进行牧马。可见当时蒙古贵族的私人牧场所占面积之大。

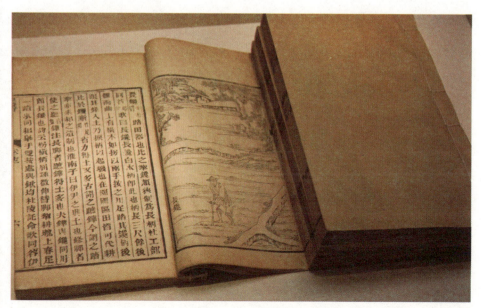

元代逐渐完善了养马的官制，设立了一些马政体系，如太仆寺、尚乘寺、群牧都转运司、"和买"制度等，同时对马匹进行保护。在元代制定的格律类聚书中，把马匹保护法作为一项重要内容。

元代有关保护畜牧业生产的刑律，一是盖暖棚、团槽枥，以牧养牲畜；二是禁止私杀马牛，否则或被杖责，或被罚金；三是禁止盗窃畜口，如骆驼、马、牛、驴、骡、羊、猪，尽在禁盗之列。对偷盗牲畜者判罪的刑律，在元代的刑法中越到后期越严厉，尤其对盗牛马者，判罪最重。

由于元代的一系列政策和措施，使元代畜牧业繁荣一时。当时牛羊云聚，车帐星移，呈一派畜牧旺盛景象。

明初朝廷建章立制，颁行法规，采取一系列恢复和发展农业生产的措施，明代畜牧业得以恢复和逐步振兴。

朝廷确立了一套系统严密的畜牧业管理体制，制定了详细严格的畜牧律令规定，从而在制度上保证了明代畜牧业的快速恢复和发展。

明代朝廷曾命令南京、太平、镇江、庐山、凤阳、扬州、滁州等六府两州的农民养马，并以马代赋，官督民牧。在西北及各边要省区设立监、苑、卫所，划定草场范围，发展军队养马。在东西北各少数民族地区实行茶马互市，设立茶马司以管其事。

明初，养马业由于连年战争的破坏而亟待振兴。明朝廷以马政建设为重点，严格官马管理制度，建立健全了管理机构。在明代前期，养马业的发展日益兴盛，规模庞大，技术进步，牧养发达，达到顶峰。

明初耕牛十分缺乏，为了发展耕牛，朝廷对耕牛的保护和繁殖很重视，颁布了奖励繁殖、禁止挤奶等条例。

事实上，这种政策是消极的，并不能促进耕牛的发展。明宪宗时设置蕃牧所，掌管奖励养牛事务，曾多次购买大批耕牛分给农民和屯垦士兵。

明代的养猪业、养羊业及家禽业也获得了一定发展。畜禽品种繁多且各具特色，猪、鸡、鸭、鹅等家畜及家禽饲养业在明代民间获得了进一步发展，养殖技术也有很大提高。

明代畜牧兽医技术的发展进步显著。经验兽医学发展迅速，家畜诊疗技术成就突出，达到新的高峰。畜牧兽医技术的进步，促进了畜牧业的发展。

为了保护好畜群，掌管养马的机构苑马寺曾多次翻刻《司牧安骥集》和《痊骥通玄论》等古兽医书，并编纂《类方马经》《马书》《牛书》等。著名兽医喻本元、喻本亨兄弟合著了《元亨疗马集》《元亨疗牛集》。

清代的马政制度基本仿照明代，太仆寺、上驷院分管各地的牧场。御用马归上驷院，属内务府。军用马由兵部车驾司管理。太仆寺、上驷院、庆丰司所属牧场占地共30万平方里（7.25平方千米）。

太仆寺牧马场分左、右两翼牧场，上驷院牧场也有两处。庆丰司牧场有养息牧场和察哈尔牧场，里面有种牛场3处、种羊场4处，在北京西华门外设牛场3处，另有挤奶牛场3处。

此外，军事性质的八旗牧场，都各占地几十平方千米，饲养着数以千计的马、牛、羊等各种牲畜。

清代在中原及江南农区，实行禁止农民养马政策，废除明代官督民牧制度。除八旗、驿站、文武官员外，其余人员不准养马，违者没收马匹，畜主受杖责，违禁贩卖马匹者处死。

在这种政策影响下，农区中只能以牛耕田。因此，清代260年间马医无重要著作，而相牛和治牛病的书却大量出现。

值得一提的是，明清时期在养猪、养羊方面也有较大的发展。农区养猪、养羊主要是为了取得粪肥，因为栈养羊、圈养猪得到发展，并培育出一批优良猪、羊、鸡品种。猪种和鸡种曾运至国外，对世界的猪、鸡品种培育和发展产生良好的影响。

知识点滴

清代彰武地区是皇家牧场，最初叫杨柽木牧场，也称苏鲁克牧场，后改为养息牧牧场。

1647年，顺治皇帝从察哈尔蒙古八旗调遣牧民到苏鲁克牧场。他们千里迢迢，跋山涉水，风餐露宿，历尽艰辛，整整走了两年，于1649年4月到达苏鲁克。

在当时，每旗调遣两个家族，每个家族调遣两户，共计调遣32户、236口人，分包、白、罗、邰、洪、赵、吴、齐、戴、李、韩、杨12个姓氏、16个家族。这些家族历经300余年，已繁衍了十几代人。

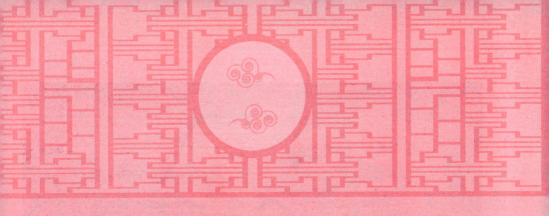

马匹的驯养

在我国古代社会生活中，马匹不仅仅是农业生产中的重要役畜，更重要的是它还是古代军事和交通的必需物资。

所以古人在长期饲养家畜的实践中，认识到在一切家畜中，以马最为娇贵，必须特别加以细心饲养，才能培育出良好的马匹来。

我国历代从民间到国家都极为重视发展养马业，并且建立了一整套科学的养马方法，诸如如何科学饲养、如何驯教以及积极进行品种改良等。这些独具特色的方法，极大地丰富了我国古代的养马文明。

先秦时期，商代就将马列为"六畜"之首，其认识到养马的重要性，提出必须关注马的习性，注意马的冷暖，适度马的劳逸，慎对马的饥渴，在饲养方面积累了许多宝贵的经验。

战国初期著名的军事家吴起，从战争的需要出发，对我国殷周以来的养马经验，作了非常好的总结，即对马的厩舍环境、食草来源、饥饱控制、温度观测、毛鬣剃剔等，可谓细致入微。

先秦时期的人们还知道在饲养马匹方面进行饲料的合理搭配。古代以粟和菽豆作为主要精饲料，统称为"秣"。

粟是碳水化合物含量高的饲料，豆是蛋白质饲料。使用碳水化合物和蛋白质饲料、粗料和精料合理搭配这点，说明我国在春秋战国时期就有了比较科学的饲养技术。

此后，人们对马匹进一步进行观察，掌握它的生活习性，在饲养方面积累了许多宝贵的经验。如北魏农学家贾思勰的《齐民要术》中说的"饮食之节，食有三刍，饮有三时"，意思是说饲料不可太单纯，饲饮要有定时，旨在强调精粗不等的3种喂牲口的饲料。这个养马原则为后世所师法。

清代农学家张宗法撰写的综合性农学巨著《三农纪》中说：

凡草宜择新草，细锉筛簸石土。

意思是说，饲马的草料要新鲜，不可用发霉腐败的草，而且要锉碎簸净石土，因为马的消化器官最容易犯病，吃了发霉不洁的草，很容易发生疝痛而致马死亡。这些饲养经验，直到现在仍在被运用。

我国古人对马匹的调教也很有讲究。马匹的调教是饲养马的一项重要技术，我国古代马匹调教技术是十分精湛的。古代传说少昊制牛车，奚仲制马车，并制造鞍的勒靷，驾6匹马拉的车子。这说明我国在很早以前，就已经通过调教，用牛和马来驾车了。

从殷墟的发掘情况来看，更证实了殷代已用4马或6马拖车，而且还有辔饰头络，和今天的络制大同小异。

《诗经·大雅·绵》记载：

古公亶父，来朝走马。

古公亶父是周文王的祖父，可见殷末已有骑术。战国以前，在战术中重车战，战车在战胜敌人中有十分重要的作用。到了春秋以后开始重视骑兵，因而骑术更加重要。骑兵在历代都有所发展。

到了元世祖忽必烈时，部下有很多蒙古骑兵，为了要求能在马上射箭准确，很注意对蒙古马的调教。后来蒙古马在速步时步法所以能这样平稳，就是我国劳动人民对马的特殊训练调教的结果，是有长期

的历史传统的。

蹄铁是马匹管理上不可缺少的东西，由"无铁即无蹄，无蹄即无马"这句谚语，就足以说明蹄铁的重要。制造蹄铁和装蹄、削蹄是一门专门技术，它可以提高马匹的效能。

蹄铁在我国至少已有2000多年的历史。自从我国古代人民发明了蹄铁术之后，各地竞相模仿。欧洲的蹄铁术，是受到我国蹄铁术的影响加以改良而成的。

古人对马种的培育与改良，已经形成一套比较成熟的经验。汉武帝为了抵御匈奴，曾致力于养马业的发展。为了改良马种，他曾派遣使臣到西域大宛国，引入古代有名的汗血马2000匹，进行大规模的繁殖和杂交改良工作。

汉代以来，在改良马品种的基础上，还不断从西域输入大批的优良马种。唐代在马匹改良上也曾经作过极大的努力。

据《唐会要》中记载：唐高祖李渊时，康居国即今新疆北境和中亚地方进贡马4000匹，属大宛种，体躯高大。

唐太宗李世民时，居住在瀚海以北的"骨利干"族人派遣使者来我国，带来良马100匹，其中有10匹特别好，唐太宗极其珍爱，给每匹马都取了名字，号称"十骥"。

唐太宗曾用军事力量保护"丝绸之路"的畅通无阻。伴随通商，引进了外国一些先进科学技术，良马也传进来了。"昭陵六骏"中的名马之一"什伐赤"，就是引进的十分名贵的优良马种。

汉唐以来，先后从西域输入的，有大宛、乌孙、波斯、突厥等地的良马。这些良种马的引入，对于内地马匹的改良，起了极大的作用。汉唐以来所产生的改良驹，体质健壮，外形优美。这些名驹良骥的雄姿，到现在还可以从汉唐遗留下的陶俑马、浮雕、壁画和石刻中见到。

唐代除养有大量官马以外，还通过同边疆各少数民族茶马互市和收纳贡马等途径，获得大量战马。因此，史称"秦汉以来，唐马最盛"。

汉唐有意识地引入外地种马杂交本地种马，无论是技术成就和数量规模之大，在当时世界上都是少有的。利用异种间的杂交方法来创造新畜种驮騠、騍等，也是我国古代家畜育种科学的重大成就之一。

唐太宗特意起用了有胡人血统的两位养马专家，并给予这两位专家很高的礼遇。

有一次，唐太宗举行国宴，招待西域各族酋长和外国使节，也让两位养马专家参加。

有一位叫马周的大臣认为他们只会养马，并无其他长处，不配参加这种高贵的国宴，说唐太宗把他们抬得太高了。

唐太宗则认为，大唐基业的创立也有养马专家的贡献，他们理应受到尊重。

知识点滴

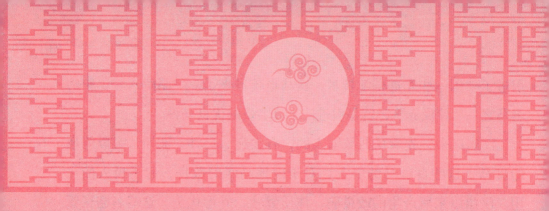

丰富的养牛技术

牛在我国古代是牛科中不同种、不同属及家畜的统称，通常指牛属和水牛属，也包括牦牛。

牛在我国这样一个农耕文化占主导地位的国度，从来就占有特殊的地位，古代先民在养牛技术方面积累了丰富的实践经验。

我国古代的养牛技术，涉及牛利用的历史发展、牛种的驯化和演进以及牛的饲养方式和方法等。体现了古代先民对牛的重视，更蕴含着几千年的牛文化。

　　牛在远古时代就被用作祭祀的牺牲，每次宰牛多达三四百头，多于羊和猪的数量。在周代，祭祀时牛、羊、猪三牲俱全者，被称为"太牢"；如缺少牛牲，则称为"少牢"，这说明自古就以牛牲为祭祀的上品。

　　聪明的古人根据牛角的发育程度，判断牛的老幼，从而区别牛的等级。为了掌管国家所有的牛在祭祀、军事等方面的用途，周代还设有"牛人"一职，汉以后曾发展成为专管养牛的行政设置。

　　牛在古代的主要用途是供役用。牛车是最古老的重要陆地交通工具，有人认为尧、舜以前已发明牛车。在井田制盛行的商周时期，规定每16井准备戎马一匹、牛一头，以备征用。

　　在有了交通驿站之后，牛在某些朝代，也用于缺马的地区或无须急行的驿运。历史上每当大战之后，马匹大减，牛的用途就大了起来，甚至有骑牛代步的。比如元代的民马多为朝廷征用，民间的畜力

运输曾以牛为主。

使牛的利用发生决定性变化的，则是农业生产中牛耕的发展。牛耕始于铁器农具产生以后，但在甲骨文和金文中，"犁"字无不从"牛"字。

孔子的门徒冉耕，字伯牛；另一个门徒司马耕，字子牛，二人的名号中都有相应的"耕""牛"二字。这些都可说明耕地与牛的关系和牛耕之早。

自汉代以后的2000余年来，许多出土文物更可证明牛耕的发展。唐代南诏的"二牛抬杠"和用单套牛耕作的方法，已见于徐州地区汉墓的石刻和嘉峪关、敦煌、榆林等地的壁画。唐初李寿墓的壁画，也说明早在1000多年前，无论是牛的轭具或耕作技术，都已发展到相当于近代农具的水平。

　　牛乳及其制品，一向是草原地区各族人民的主食。南北朝时期，已遍及北方农村，贾思勰的《齐民要术》就详细记载了农民挤牛乳和制作乳酪的方法。

　　乳制品在古代统称为"酪"，也很快推广到南北各地。据《新唐书·地理志》中记载，唐时在今甘、青、川诸省以及庐州也已有此产品。此后，江南如湖州、苏州等地农民也养乳牛，挤乳作酪，并制成乳饼及酥油为商品。直至西洋乳牛输入以前，我国南北不少城市早有牛乳供应，采取的是赶黄牛上门挤乳出售的方法。

　　我国普通牛的驯化，距今至少已有6000年的历史，在草原地区可能更早。长期的定向选择以黄色为主，牛角也逐渐变短。

　　到春秋战国时期，已出现优秀的牛种。著名的秦川牛就奠基于唐代，可认为导源于当时，毛色则以红色为主。至于塞北草原的牛种，据南宋徐霆关于蒙古的见闻录《黑鞑事略》中说：

　　　　见草地之牛，纯是黄色，甚大，与江南水牛等，最能走。

　　也说明了牛种在不同生态环境下产生的差异。

　　水牛在我国南方驯化较早。浙江余姚河姆渡和桐乡罗家角两处文化遗址的水牛遗骸证明，约7000年前我国东南滨海或沼泽地带，野水牛已开始被驯化。

　　从古代文献看，甲骨文中有"沈牛"一词，被释为水牛的古称。汉代辞赋大家司马相如《上林赋》也有此名词。现陈列在美国明尼亚波里斯美术馆的卧态水牛铜像，是我国的周代文物。

明代《凉州异物志》载"有水牛育于河中",证明古代在今甘肃武威地区也有水牛,只因数目较少,被视为珍稀动物。

牦牛由野牦牛驯化而来。古代用牦牛尾毛制成的饰物称"旄",常用作旌旗、枪矛和帽上的饰品。据史载,先秦时期青海有用牦牛尾毛制成的饰物,中原地区有的国家通过物品交换得而用之,说明先秦时期青海一带的牦牛产品已成为与中原地区商品交换的内容之一。此外,牦牛肉在当时被认为是美味的肉食,说明牦牛自古也供肉用。

放牧是古代养牛的早期方式。在这方面,我国古代先民的牧养技术是比较成熟的。甲骨文中的"牧"字,即表示以手执鞭驱牛。《说文解字》中把它解释为养牛人。

夏商时期的牧官,包括牧正和牧师,既是地方官,也是管理养牛和其他畜牧生产的头目。古代牛群放牧的形式和近世相似。放牧地也有指定,曾有郊地、林地、牧地的区别。随着牛用途的发展,以放牧为主的养牛方式逐渐向舍饲过渡,或二者结合。

除了牧养牛,古人还有圈养牛的方法。甲骨文中的"牢"字是个象形字,"宀"字下面一个"牛"字,表示供躲避风霜雨雪用的简易牛栏或牛棚。《秦律》中已有对牛马的饲养管理和使用的保护条例。

北魏贾思勰的《齐民要术》中指出,养牛要寒温饮饲适合牛的天性,还提到造牛衣、修牛舍,采用垫草,以利越冬等,表明已很重视舍饲管理措施。《唐六典》明确规定官牛的饲料由朝廷定量供应。

元代的《农桑辑要》在总结元代以前耕牛的饲养方法时提到:每3头牛日给豆料达8升,每日定时喂给,每顿分3次,先粗后精,饲毕即耕用。

到明清时期,耕牛饲养采取牧喂结合的方法。明代农学家徐光启在《农政全书》中，讲述了适用于江南的养牛方法。

清代作家蒲松龄的《农桑经》、清代学者包世臣的《齐民四术》和张宗法的《三农纪》中介绍的饲料处理和喂牛的方法，适用于华北。清代农业经营家杨秀元的《农言著实》中介绍陕、晋各省用苜蓿喂牛的经验，则更有价值一些。

我国古人在养牛过程中，还发明了穿牛鼻的方法。穿牛鼻是控制牛便于役用的一项重要发明。甲骨文"牛"字下面一横划，表示用木棒穿过牛鼻的意思。两汉时期的耕牛壁画，也证明牛穿鼻的发明为时甚早。

赶牛的鞭子是在春秋时期开始的，主要用于放牧和使役。据清代官员鄂尔泰《授时通考》的解释，其作用在于以鞭与人的吆喝声相伴和，用以警示牛行，而不是只用鞭挞，因而又称"呼鞭"。

总之，我国古代劳动人民在养牛方面，取得了令人瞩目的成就，不仅丰富了我国古代农耕文化，也对人类历史的进步做出了贡献。

春秋时期的百里奚是个有贤才的人，楚国国君楚成王听说百里奚善于养牛，就让百里奚为自己养牛。秦穆公听说百里奚是人才，就想重金赎回百里奚。

但谋臣公子絷认为，楚成王让百里奚这样的人才去养牛，说明他还不知道百里奚的能力，如果用重金赎他，就等于告诉人家百里奚是千载难遇的人才。最后，秦穆公用5张黑公羊皮换来了百里奚。百里奚也因此被称为"五羖大夫"。

百里奚养牛，也从一个侧面说明了春秋时期养牛已经被贤者所重视。

知识点滴

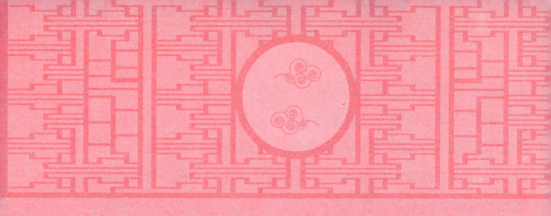

历史悠久的养羊技术

我国自古就把不同属的绵羊和山羊统称为"羊"，其驯化和饲养的历史大概比牛悠久。绵羊和山羊对生态环境的适应性不同，二者发展的历史有所差异，但自古以来它们都是肉食和毛皮的重要资源，是我国各族人民衣食的主要来源。

自古养羊以成群放牧为主。牧羊与牧牛的方法十分相似，凡水草肥美的地方都是养羊的良好环境。古代先民通过养羊实践，传袭下来许多养羊经验。

　　我国养羊的历史悠久，从夏商时期开始已有文字可考。由于在河南安阳殷墟发现了绵羊头骨，因而有"殷羊"的命名，但实际绵羊驯化的时间远比殷代早得多。一般认为我国养羊在远古时期已进入驯化阶段。

　　甲骨文中有"羊"字，没有绵羊、山羊的区分。直到春秋时期前后，绵羊和山羊在文字上才有所区别，而历代训诂学者又各有不同的解释。《尔雅》中郭璞注指出，羊指绵羊，夏羊才指山羊。

　　山羊自古遍于南方，是南方的主要羊种，北方草原上也有分布。其适应性很强。除利用其肉、乳、皮毛外，汉代以后还曾出现供人乘坐的羊车。山羊有时也供儿童骑用，与绵羊一起放牧时，还常被用作"带群羊"。

　　在岭南地区，传说秦始皇派去的南越王赵佗，以五色羊作为瑞祥的标志。今云南一带，也是古代产山羊较多的地方。唐时吴越人曾向日本送去山羊，到18世纪山羊在日本仍被当作珍贵吉祥之物。

乳用山羊在南宋时代已见于杭州，宋《清波杂志》中有记载。宋范成大的《桂海虞衡志》中所说的英州乳羊，则是产于广东的一种肉用山羊，《本草纲目》中更把它当作滋补的肉类。

春秋时期的两个大商人范蠡和猗顿都牧过羊。汉武帝时卜式牧羊尤为闻名。据《史记·平准书》和《前汉书》中记载，卜式是河南人，与弟分家后，只取羊百余只，入山放牧十余年而致富。

汉武帝派卜式在上林苑牧羊，年余就见成效。迄今流传的《卜式养羊法》，是否为他所著，尚难证实；但北魏《齐民要术》中的养羊篇，总结了魏、晋以前民间流传的牧羊经验，其中也包括卜式的经验，迄今仍不失为养羊的古代文献。

关于牧羊的饲养管理，在青海都兰县的考古发掘材料证明，先秦文化遗址中有外围篱笆的较大羊圈，说明当时的牧区环境已有一定设施。《齐民要术》则对牧羊人的性格条件、牧羊时羊群起居的时间、住房离水源的远近、驱赶的快慢、出牧的迟早以及羊圈的建筑、管理

和饲料的储备等，都做了详细阐述，说明饲养管理措施已甚周到。该书对剪毛法也有叙述，指出剪毛的时期和次数决定于季节，有春毛、伏毛和秋毛的区别等。

古代供祭祀和宴会用的羊牲，一般都经过催肥，称为"栈羊"。《唐六典》为此定有制度：凡从羊牧选送到京的羊，即行舍饲肥育；一人饲养20只，每只定量供给饲料，屠宰有日期限制；并规定有孕母畜不准宰杀等。

自唐代以后，由于皇室和往来使臣的肉食需要，对栈羊非常重视。仅据北宋大中年间诏书所示，牛羊司每年栈羊头数达3.3万只，尚未包括民间羊肉的消费数量。

对于配偶比例，明末清初农书《沈氏农书》认为以1雄10雌为宜。清代杨屾在劝民植桑养蚕的农书《豳风广义》中则认为，西北地区，1只公绵羊可配10至20只母绵羊，在非配种的春季可改为50至60只，是以公羊带群放牧配种的。由于秋羔多不良，古代牧羊者已知在春夏季以毡片裹牴羊之腹，防止交配。

牛、羊粪可用以提高土壤肥力，这在《周礼·地官》中早已指出。《沈氏农书》中记述了明代嘉兴、湖州地区养羊除收取羊毛、羔羊外，还可多得羊粪肥田。徐光启《农政全书》中指出羊圈设在鱼塘边，羊粪每早扫入塘中，可兼收养羊与养鱼之利。

清代文人祁隽藻的《马首农言》还记载有清代北方农村秋收后"夜圈羊于田中，谓之圈粪"的养羊积肥法。

我国古代牧羊场的组织制度应该说是比较健全的。隶属国家组织的牧羊场，古称"羊牧"，其中有的是独立设置，也有与马牛分群管理的综合经营。

如汉景帝时的马苑，号称养马30万，实则也包括许多牛羊。魏、晋时羊牧属于太仆寺，北朝在寺下再设司羊署，主管养羊行政，并分设特羊局和牸羊局。隋代统一全国后，组成牛羊署。

唐代改成典牧署，掌管陇右牧监送来的牛羊，以及群牧所的羊羔。《唐律》规定以620只羊为一群，不包括羊羔，每群设一名牧长和几名"牧子"。另规定孳生课羔的制度和奖罚的办法。宋以后典牧署改称牛羊司，属光禄寺管辖，并改羊牧为羊务，另有一套制度。

明代宫廷所需的羊，除由各省派拨外，也由上林苑饲养繁殖。永乐以后在北京市郊各县的上林苑，其规模不亚于秦汉，同时兼养其他畜群，也是一个皇家狩猎场。

清代的羊场主要集中在两处：一处在察哈尔锡林郭勒盟，专供皇室取用，牧羊约21万只；另一处在伊犁地区，归地方军政当局主办，称伊犁羊场，全盛时期牧羊曾达14万只。

知识点滴

四川盆地西北部的北川古羌族，是一个以养羊为主的畜牧民族，由于羊在社会经济生活中的重要作用，北川羌族逐渐形成了对羊的崇拜。

以羊祭山是古羌人的重大典礼，所供奉的神全是"羊身人面"，视羊为祖先。在日常生活中，羌人喜欢养羊、穿羊皮褂、用羊毛织线。羌族少年成年礼时，羌族巫师用白羊毛线拴在少年颈项上，以求羊神保佑。

羊图腾崇拜是羌族先民较普遍的一种崇拜形式，是羌族原始宗教信仰的一个重要内容。

古代兽医

　　我国古代兽医的出现和兽医行业的发展，全程伴随古代畜牧业的发生发展史，并逐渐形成了中兽医学理论完整的学术体系。

　　数千年来，它一直有效地指导着兽医临床实践，并在实践中不断得到补充与发展。

　　中兽医及其学术理论，从先秦时的最初积累开始，中经秦汉至宋元的不断总结，到明清时最终形成体系，其间遗留的中兽医学专著十分丰富，对病畜的理、法、方、药、针以及各种病症各有阐述。此外，相畜学说也在历史上占有一定地位。

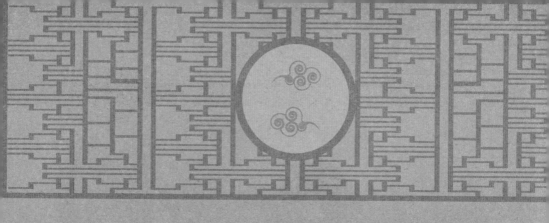

先秦时期的兽医活动

　　我国的畜牧生产出现在有文字记载之前。当畜产品成为人们重要的生活来源时，如果畜群受到疾病的侵袭，人们必然利用已获得的治人病的知识试治兽病。这样就产生了原始的兽医活动。

　　先秦时期是我国兽医学知识的积累和初步发展的时期。兽医的活动最先受到人类自身医疗经验的影响，后来出现了巫与医并存的现象。

　　自从西周时专职的兽医出现后，兽医活动便开始向更加专业的方向发展了，进入了我国古代兽医学的奠基阶段。

我国是世界四大古医药起源地之一，又是世界农业起源中心之一，而兽医则是兼顾二者的专门职业。随着畜牧业的生产和发展，原始的兽医活动成为时代所必需。

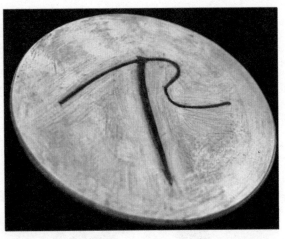

我国在很久以前就有兽医的活动。山东省博物馆陈列有大汶口文化遗存中发掘出来的骨针，共有大小不一的6枚。这些骨针一端尖锐，一端粗圆，并无针眼，骨锥长的14厘米，短的七八厘米，形似兽医用的圆利针。

考古专家认为，这些骨针是用家畜骨磨制成的，是畜牧生产的副产品，由此说明该时期以针刺治畜病是有根据的。

传说黄帝时期，有马师皇善治马病，曾用针刺唇下及口中，并以甘草汤饮之治愈畜病。

事实上，兽医药物就是在人体用药的基础上，加上对动物的直接观察而开始被应用的。

从《黄帝内经·素问·异法方宜论》中可知，我国在古代便提出了因地制宜的医疗经验。

如该书中指出：东方的砭石，南方的九针，北方的灸疗，西方的药物等，这些都是根据当地实际情况，就地取材治疗畜病。并对原始兽医药因地制宜、防治家畜疾病，也曾产生过影响。

夏商时期，我国进入奴隶社会。由于人们这时已经获得了一定的自身疗病经验，所以就把治病人的经验借鉴到医治病畜的活动中。

这一时期，出现了巫和医同时存在的现象。在古代，巫是一个崇高的职业，被认为是通天晓地的人。战国以前，医被操于巫之手，医、巫不分，巫就是医，医就是巫。因此，"医"字从"巫"而作"毉"，又以"巫医"为称，因为巫本掌握有医药知识，并常采药以用，特以舞姿降神的形态祈福消灾，为人治病。

巫之为人治疗疾病，由来已久。宋代李昉等学者奉敕编纂的类书《太平御览·方术部二·医一》，曾经引用记载上古帝王、诸侯和卿大夫家族世系传承的史籍说："巫咸，尧臣也，以鸿术为帝尧之医。"巫咸是占卜的创始者，尧帝的大臣，他凭借高超的方术为舜帝治病。

远古时期的巫医是一个具有两重身份的人，既能交通鬼神，又兼及医药，是比一般巫师更专门于医药的人物。殷周时期的巫医治病，从殷墟甲骨文所见，在形式上看是用巫术，造成一种巫术气氛，对患者有安慰、精神支持的心理作用，真正治疗身体上的病，还是借用药物，或采取技术性治疗。

巫医的双重性决定了其对医药学发展的参半功过。到后来的春秋时，巫医正式分家，从此巫师不再承担治病救人的职责，只是问求鬼神，占卜吉凶。而医生也不再求神问鬼，只负责救死扶伤，悬壶济世。

河北藁城商代遗址中发掘出郁李仁、桃仁等中药证明当时巫和医是并存的。甲骨文中还有一些象征去势的字，表明殷商的畜牧生产已对家畜产品作品质的改进。

商代的兽医已利用青铜针、刀进行外科手术。安阳殷墟妇好墓出土的玉牛，鼻中隔上穿有小孔，表示已发明了穿牛鼻技术。

西周时，专职兽医开始出现。当时，家畜去势术有进一步的发展。在《周易》中，已指明去势的公猪性情已变得温顺。

据《周礼·夏宫》中记载，朝廷每年早春即下达"执驹"，而在夏天则"颁马攻特"，即将不作种用的公马定期进行去势。

《周礼》等古文献中记载有100多种人畜通用的天然药物及采集草药的时期。

在西周时期，有一位畜牧兽医名人造父。他具有高深的兽医技术，善治马病，留下了刺马颈放血为马解除暑热的传说。放血疗法是我国中兽医学的传统疗法之一。

　　春秋战国时期，畜牧兽医的科学技术有了较大的发展。尤其是战国时期，已有专门诊治马病的"马医"。

　　据《列子·说符》中记载，齐国有个穷人，经常在城中讨饭。城中的人讨厌他经常来讨饭，没有人再施舍给他了。于是他到了田氏的马厩，"从马医作役而假食"，就是跟着马医干活而得到一些食物。

　　春秋战国时期的兽用药物，也是在根据人用药物进行分类。当时的人药物分草、木、虫、石、谷5类，并分为以五毒攻病、五味调病、五气节病、五谷养病等治疗原则。这些经验，常常被兽医尤其是马医所借鉴。

　　当时的马医在治疗马的内科病时，已经掌握了用水煎剂灌服的技术，还掌握了外科病用涂敷药或去其坏死组织的办法。

　　事实上，我国最早记有"兽医"一词，就出现在战国时期的《周礼》，其中记载：

> 兽医掌疗兽病，疗兽疡。凡疗兽病，灌而行之，以节之，以动其气，观其所发而养之。凡疗兽疡，灌而行之，以发其恶，然后药之，养之，食之。

意思是说：兽医的职掌是治疗内外科兽病。治疗内科病，采用口服汤药，缓和病势，节制它的行动，借以振作它的精神，然后观察它的表现和症状，妥善调养。治外科病，也是服药，并且要手术割治，把脓血恶液排除，然后再用药治，让它休养，并注意调养。

这个记载说明，战国时期的兽医技术已经比较发达，不仅已经有了内科外科的区分，而且制订了诊疗程序，并且重视护理。

西周畜牧兽医造父不但兽医技术高深，还以善于驾车著名。传说他在桃林一带得到8匹骏马，调训好后献给周穆王。周穆王配备了上好的马车，让造父为他驾驶，经常外出打猎、游玩。

有一次西行至昆仑山，见到西王母，乐而忘归，而正在这时听到徐国徐偃王造反的消息，周穆王非常着急。在这关键时刻，造父驾车日驰千里，使周穆王迅速返回了镐京，及时发兵打败了徐偃王，平定了叛乱。

由于造父立了大功，周穆王便把赵城赐给他，自此以后，造父族就称为赵氏，为赵国始族。几十年后，造父的侄孙子非子又因功封于犬丘，为之后秦国始祖。

知识点滴

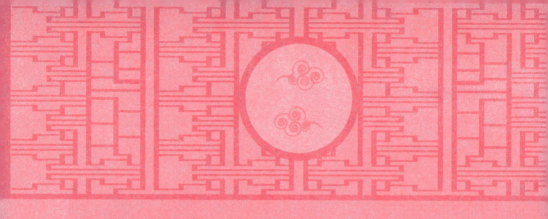

秦汉至宋元时期兽医的发展

　　秦汉至宋元，时间跨度漫长，科技进步巨大，是我国封建社会发展的重要时期。兽医行业在此期间有了极大发展，取得了历史性成就，在我国兽医兽药史上占有重要地位。

　　秦汉至宋元时期，是中兽医学知识不断总结和学术体系形成及发展的时期。秦汉时"牛医"的出现和《神农本草经》的问世，标志着兽医技术的进一步发展。

　　魏晋南北朝时期，北方游牧民族入主中原，使畜牧业有进一步发展。宋金元时期，是我国兽医技术和学术以补充、阐释为主的发展阶段，同时开兽医院之先河。

秦汉时期，民间不仅有专治马病的马医，当时还出现了因耕牛的发展而出现专职的"牛医"。秦代已制定畜牧兽医法规《厩苑律》，在汉代改名《厩律》。

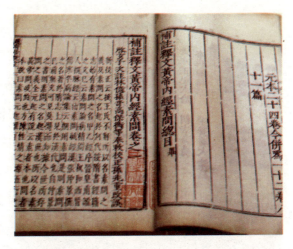

东汉末期出现了《神农本草经》，该书收藏药物365种，它是我国最早的一部人畜通用的药学专著。

《神农本草经》依循《黄帝内经》提出的"君臣佐使"的组方原则，也将药物以朝中的君臣地位为例，来表明其主次关系和配伍的法则。

《神农本草经》对药物性味也有了详尽的描述，其指出寒热温凉四气和酸、苦、甘、辛、咸五味是药物的基本性情，可针对疾病的寒、热、湿、燥性质的不同选择用药。

寒病选热药，热病选寒药，湿病选温燥之品，燥病须凉润之流，相互配伍。并参考五行生克的关系，对药物的归经、走势、升降、浮沉都很了解，才能选药组方，配伍用药。

《神农本草经》中有些药指明专用于家畜。在《居延汉简》《流沙坠简》以及《武威汉简》中，均有医治马牛病的处方。

汉中山墓中出土了治病用的金针、银针和铁制的九针。《盐铁论》中已提到用皮革保护马蹄。

从长沙汉墓中还发现《相马经》。根据史书记载，汉代还出现铜制的良马标准模型，立于京城东门外，有马援制的铜马模式。

魏晋南北朝时期，北方游牧民族入主中原使畜牧业有了进一步的发展，为畜牧业服务的兽医学随之有进一步的发展和提高。

东晋名医葛洪著的《肘后备急方》中有治六畜诸病方，对马驴役畜的十几种病提出了疗法。从用灸熨术治马羯、鼓胀等，可知当时针灸治疗的广泛应用，当时已提出试图用狂犬的脑组织敷咬处治狂犬病。

北魏贾思勰著《齐民要术》一书，其中有畜牧专卷，并附一些供牧人等采用的应急疗法、疗方48种，应用于26种疾病。

如用掏结术治粪结，用削蹄和热烧法治漏蹄，用无血的去势法为羊去势，犍牛法阉割公牛，给猪去势以防感染破伤风症的方法，以及关于家畜大群饲养时怎样防治疫病的发生和进行隔离措施，反映了当时的兽医技术水平已相当高。

隋代兽医学的分科已经更加完善，而且在病症的诊治、药方和针灸等方面都有专著。隋代开始设立兽医博士，唐代因循隋制，在太仆寺中设兽医博士4人，教育生徒百人。

另外，在太仆寺系统中设兽医600人。

由于唐代有一个完整的兽医教育体制和兽医升迁制度，使唐代的兽医学术得到迅速发展。

唐代的司马李石采集当时的重要兽医著作，编纂成《司牧安骥集》4卷。前3卷为医论，后1卷为药方，又名《安骥集药方》。

《安骥集药方》是我国现存最古老的兽医学专著，也是自唐到明约1000年间兽医必读的教科书。书内共录药方144个，按功效分为15类，分类方法尚未达到五经分类的水平。

该书对于我国兽医学的理论及诊疗技术有着比较全面的系统论述，并以阴阳五行作为说理基础，以类症鉴别作为诊断疾病的基础，八邪致病论是疾病发生的原因，脏腑学说是家畜生理病理学的基础。

为了保障畜牧业的发展，唐代制定了有保护牲畜的法规。少数民族集中的边疆地区，兽医学有新的发展。在西藏且出现了藏兽医，著作有《论马宝珠》《医马论》等。在新疆吐鲁番的唐墓中曾发掘出《医

牛方》。

唐高宗时颁布我国人畜通用药典《新修本草》，内载药物844种，并有标本图谱。它是世界是最早的药典。

日本兽医平仲国于唐贞元年间来我国长安留学，回国后对日本兽医界产生深远影响，形成"仲国流"的兽医学派。

宋金元时期我国兽医学是以补充、阐释为主的发展阶段。北宋采用唐代的监牧制度，并在1007年设置专门医治病马的机构，这是我国兽医院的开端。

1103年，宋朝规定病死马尸体送"皮剥所"，它是类似尸检的剖检机构。这是我国官办最早的兽医专用药房。

据《宋史·艺文志》中记载，宋代有《伯乐针经》《安骥集》《安骥集药方》《贾躯医牛经》《贾朴牛马》《马经》等有关兽医的著作。

元朝是以牧起家，对牲畜疫疾的防治相当注意。元代的《痊骥通

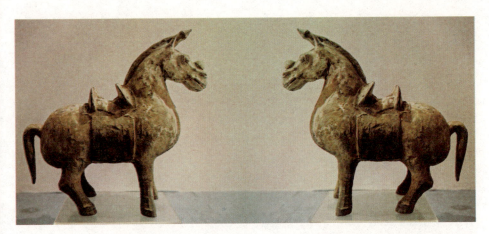

玄论》中，有阐释治疗马粪结症的起卧入手歌，对结症的诊断治疗有明显的发展和提高。其中，《点痛论》总结出诊断马肢蹄病的跛行诊断法，是创新的总结。

《痊骥通玄论》还进一步阐释、发展了五脏论等中兽医基础理论，为传统中兽医学的发展和提高做出了贡献。

东汉开国功臣之一的马援曾在位于现在甘肃庆阳西北的地郡畜养牛羊。时日一久，不断有人从四方赶来依附他，他手下就有了几百户人家，他就带着这些人游牧于现在的甘肃、宁夏、陕西一带。

马援种田放牧，能够因地制宜，多有良法，因而收获颇丰。当时，共有马、牛、羊几千头，谷物数万斛。

马援过的虽是游牧生活，但胸中之志并未稍减。他常常对宾客们说："大丈夫立志，穷当益坚，老当益壮。"

后来，他追随汉光武帝刘秀，立下赫赫战功。

知识点滴

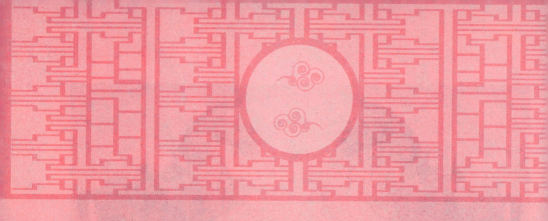

明清时期兽医学成就

在明清时期，是我国封建社会发展的高峰时期，科技方面不乏集大成者，而中兽医学领域在继承和总结前代成果的同时，在某些方面也取得了十分丰硕成果。这些兽医学成果是祖国兽医学宝库中一个重要组成部分。

在这一时期，编著刊行了许多中兽医学的著作，形成了我国古代中兽医学术体系。在中兽医方剂学、传统兽医针灸学、家畜传染病和寄生虫病的防治、兽医外科等方面颇有建树。

明朝廷对兽医学的发展给予较大的重视。《永乐大典》有汇编成的《兽医大全》，成化年间兵部编纂了《类方马经》6卷，后来太仆寺卿杨时乔主编了《马书》14卷和《牛书》12卷。

明朝廷由于政治军事上的需要，大力开展在长江下游六府二州养马，并几次规定要培训基层兽医，名兽医喻本元、喻本亨等就是在此条件下出现的。

喻本元、喻本亨兄弟二人合著的《元亨疗马集》《元亨疗牛集》，于1608年刊刻问世，由兵部尚书丁宾作序。书中的理论体系和临床实践紧密结合，以指导临床实践，成为自明以后马疾治疗学的经典著作，影响深远。

朝鲜人赵浚等根据元代中兽医书编成《新编集成马医方》和《新编集成牛医方》，成书于1399年，现存版本为1633年版。此书罕见，可谓一套珍贵资料。

此两部医方是赵浚等集体用汉文编写的。著书中引证了不少我国的古兽医经典著作，约7万字，全书共为64小节，附图47幅。内容包括

马医方及牛医方两大部分，内容丰富。

比如马医方内容，有良马相图、良马旋毛之图、相马捷法、相齿法、养马法等畜牧方面的内容，还有放血法、点痛论、姜牙论、十八大病、五劳论等兽医方面的内容。

清代初期，由于农耕需要牛，牛病学得到较大发展。1667年重刻《元亨疗马集》时，将《水黄牛经合并大全集》和《驼经》并入成为一书，就是适应当时的时势要求。

后来重编时加上《安骥集》等古书的部分内容，删去《碎金四十七论》中的21论，编成马经大全6卷，牛经大全2卷，驼经1卷，命名为《马牛驼经全集》，近代流行的多是这部书。因由许锵作序，内容主要来自《元亨疗马集》，简称"许序本"。

1758年，清代医药学家赵学敏编著的《串雅》，分《串雅内编》和《串雅外编》。它是我国历史上第一部有关民间走方医的专著，揭开了走方医的千古之秘。其中的《串雅外编》还特列出医禽门、医兽门和鳞介门。

清乾隆时期兽医学家郭怀西，于1785年著《新刻注释马牛驼经大全集》。这本书对《牛经大全》进行全面的修改和补充，虽名"注释"实际上是新作。此书继承并发展了《元亨疗马集》的内容，在我国畜牧兽医史上占有重要地位。

《新刻注释马牛驼经大全集》是对《元亨疗马集附牛驼经》的注释本，简称《大全集》。纵观两书全貌，可以看出，《大全集》是作者结合50余年医疗实践，对《元亨集》进行大量删改和补充。综合了以前丁序、许序等版本的内容，又增列、贯注了《黄帝内经》《通元论》《渊源塞要》《疗骥全书》《安骥全集》等内容，从而在深度和广度上发展了《元亨集》，反映了清代兽医学发展概貌。

清乾隆朝太仆寺正卿李南晖编写的《活兽慈舟》以黄牛、水牛病为核心，且选编了马病篇、猪病篇、羊病篇、狗病篇、猫病篇。

清代嘉庆初年，著名中兽医傅述风于1800年编著的《养耕集》问

世，对牛体针灸术有进一步的补充和发展。全书着重记载了作者数十载的实际诊疗经验，并继承和发扬了中兽医的传统思想和方法，不论在理论上或在临床经验上均有独到见解，对当时及后世兽医学发展都产生了较大影响。

《养耕集》分上下两集，上集讲针法，下集备录方药。针不能到者，以药到除病；药不能及者，以针治病；针药兼施，相得益彰。

《养耕集》上集中对牛体针灸穴位图做了修正和补充，并分述40多个穴位的正确位置、入针深浅和手法，以及各穴主治的病症。

还分别论述了吊黄法、破牛黄法、火针法、烫针法、透火针法、皮风发表针法、出血针法、咳嗽针法、失中腕针法、治拓腮黄针法等20余种对应的特殊针灸方法。

在此书问世前，我国仅有一幅"牛体穴位名图"，缺乏文字叙

述，本书填补了这个空白，使牛体针灸学形成一个完整体系。

《养耕集》下集列病症98种和各症的方药治法。方中常选用几味当地的草药，并根据鄱阳湖地区气候变化开列四季药物统治的处方。

在《养耕集》之后，《牛医金鉴》《抱犊集》《牛经备要医方》《大武经》《牛马捷经歌》等方书相继出

现。随着当时养猪业发展的需要，《猪经大全》也编成刊行。

至此，我国中兽医的医疗对象已扩展到各种家畜和家禽。中兽医学的特有理法方药体系和辨证施治原则且得到进一步的深化和发展，并形成了我国古代完整的中兽医学术体系。

明清时期，除了编著刊行许多中兽医学著作以外，在中兽医方剂学、传统兽医针灸学等方面也颇有建树。

中兽医方剂学在明清两代发展到了高峰。乾隆以后，中兽医诊疗对象由马转向牛，以治疗马病为主的马剂方书衰落了，代之而起的是以治疗牛病为对象的疗牛方剂书的大量涌现。

比如《新编集成马医方》，这是目前人们所知的第一部由朝鲜人编集的中兽医著作，作为中朝两国人民文化交流的价值远超其学术和史料价值。

再如《新编注释马驼经大全集》，其中"临时变通"的处方方法是兽医方剂学理论的一大突破，在兽医方剂发展史上占有重要的地位，对后世处方药产生了很大影响，发展和完善了中兽医方剂理论。

在传统兽医针灸学方面，明清时期达到鼎盛，从理论到实践有明显的突破和较大的发展。马体针灸在明代发展较突出，牛体针灸在清代发展较突出。

比如《元亨疗马集》，其中的针灸治疗方法已采用组穴，有协同

作用和相辅相成。再如《养耕集》，它对各穴位置和主治病症均有明确记载。对多种病症设立针法，并对牛的特有病设立针法。

对家畜传染病和寄生虫病的防治，明清时期也有很多成就。我国传统医药学在明代进入全面总结和创新时期，有许多著名著作问世。

兽医对家畜传染病的认识有进一步发展，虽未形成专论和专著，但对那些能获得治疗效果或痊愈的传染病，有独到的见解和治法。

清代，中兽医对马病的防治经验由于内地保留了一定数量的马而被延续。由于牛耕的发展，对牛病的医疗和防治较前有了明显的发展和提高。

明代时期对寄生虫的认识发展不大，仍以肉眼可见的外寄生虫为主。明清时期主要对蛲螯、牛眼虫、胃肠道寄生虫以及虱的研究有所发展。

至于明清时期的兽医外科，兽医本草学在明代仍然与人医不分。兽医外科学在明代仍以针刀巧治12种病为主，对各种家畜家禽的雄性去势，对母畜摘除卵巢术，特别是大小母猪摘除卵巢术已普遍施行。

明代的兽医外科在元代的基础上有进一步的发展和成就。关于外科手术，明代总结出12种巧治法，即12种外科手术疗法。

在明代始见的有腹腔3种手术疗法，肛门、尿道两种手术疗法。古人把兽医外科手术列在针灸疗法中，反映兽医外科学的发展当时尚未达到成熟阶段。

清朝于1905年始建的京师大学堂的农科大学，当时在专科专业设置方面，有兽医寄生虫学与寄生虫病学、兽医内科学、兽医外科学、兽医病理学、传染病学与预防兽医学、兽医药理学与毒理学、中兽医学等。

其中的兽医外科学，主要包括兽医外科手术和兽医外科疾病两部分内容。可见较明代已有显著发展。

此外，明清时期的兽医已经有较为成熟的养马保健意识。比如明代实行"看槽养马"的保健制度，每群马配一名专职兽医。兽医首先须鉴别马群中的病马，并将其剔除出来，然后辨别是何病何症，对症下药。

知识点滴

清代医学家赵学敏的父亲曾任永春司马，迁龙溪知县，赵学敏承父命读儒学医。

赵学敏年轻时，无意功名，弃文学医，对药物特别感兴趣，广泛采集，并将某些草药作栽培、观察、试验。他除了著成《串雅》一书外，还著有《本草纲目拾遗》10卷。

《本草纲目拾遗》全书按水、火、土、金、石、草、木、藤、花、果、谷、蔬、器用、禽、兽、鳞、介、虫分类，辑录《本草纲目》中未收载的药物共716种，极大地丰富了我国古代的中药学的内容。

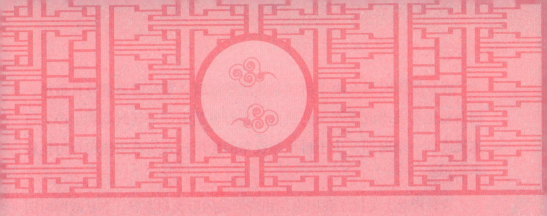

起源古老的相畜学说

  相畜学说在我国是一门古老的科学，它的起源远在没有文字记载以前。根据牲畜的外形来判断牲畜的生理功能和生产性能，以此作为识别牲畜好坏和选留种畜的依据，是古时相畜学说的主要内容。

  相畜属于以自然选择为基础的经验型人工选择。在我国古代的相畜学家有很多，如春秋时期的宁戚和孙阳，汉代的荥阳褚氏，唐代的李石等，他们都编写了许多相畜专著。古时的相畜学说对于后世家畜品质的提高，起到了很大的促进作用。

春秋战国时期，由于诸侯兼并战争频繁，军马需要量与日俱增，同时也迫切要求改善军马的质量。当时也是生产工具改革和生产力迅速提高的一个时期，由于耕牛和铁犁的使用，人们希望使用拉力比较大的耕畜。

这种情况，促进了我国古代相畜学说的形成和发展。春秋战国时期已经有很多著名的相畜学家，最著名的要算春秋时期卫国的宁戚了。

宁戚著有《相牛经》，为我国最早畜牧专著，这部书虽早已散失，但它的宝贵经验一直在民间流传，对后来牛种的改良起过很大作用。

宁戚对牛是情有独钟的，他喂过牛，仕齐后又大力推行牛耕代替人耕技术，提高了耕作效率，促进了农业发展。

齐国丰富的养牛经验，带动了养牛业的发展。战国时，齐将田单

被困在即墨，竟能在久困的城内收得千余头牛，以火牛阵打破燕军，足见当时平度养牛业的发达。

宁戚以《饭牛歌》说齐桓公，其中就有"从昏饭牛至夜半，长夜漫漫何时旦"的词句。"饭牛"就是喂养牛的意思。常言道："蚕无夜食不长，马无夜草不肥。"大牲畜要在夜里添刍料，宁戚的歌反映了齐地所积累的养牛经验。

与相牛相比，春秋时期的

相马的理论和技术成就更大，有过很多相马学家。而当时的伯乐就是我国历史上最有名的相马学家，他总结了过去以及当时相马家的经验，加上他自己在实践中的体会，写成《相马经》，奠定了我国相畜学的基础。

伯乐的真实姓名叫孙阳，是春秋时期郜国人。在当时的传说中，有一个天上管理马匹的神仙叫伯乐。由于孙阳对马的研究非常出色，人们便忘记了他本来的名字，干脆称他为伯乐。

春秋时期随着生产力的发展和军事的需要，马的作用已十分凸显。当时人们已将马分为6类，即种马、戎马、齐马、道马、田马、驽马，养马、相马遂成为一门重要学问。孙阳就是在这样的历史条件下，选择了相马作为自己终生不渝的事业。

孙阳从事相马这一职业时，还没有相马学的经验著作可资借鉴，只能靠比较摸索、深思探究去发现规律。孙阳学习相马非常勤奋，据《吕氏春秋·精通》记载：

孙阳学相马，所见无非马者，诚乎马也。

少有大志的孙阳，认识到在地面狭小的郜国难以有所作为，就离

开了故土。历经诸国，最后西出潼关，到达秦国，成为秦穆公之臣。

当时，秦国经济发展以畜牧业为主，多养马。特别是为了对抗北方牧人剽悍的骑士，秦人组建了自己的骑兵，因此对养育马匹、选择良马非常重视。

孙阳在秦国富国强兵中立下了汗马功劳，并以其卓著成绩得到秦穆公信赖，被秦穆公封为"伯乐将军"，随后以监军少宰之职随军征战南北。伯乐在工作中尽职尽责，在做好相马、荐马工作外，还为秦国举荐了九方皋这样的能人贤士，传为历史佳话。

伯乐经过多年的实践、长期的潜心研究，取得丰富的相马经验后，进行了系统的总结整理。他搜求资料，反复推敲，终于写成我国历史上第一部相马学著作《相马经》。书中有图有文，图文并茂。

伯乐的《相马经》长期被相马者奉为经典，在隋唐时代影响较大。后来虽然失传，但蛛丝马迹在诸多有关文献中仍隐隐可见。

《新唐书·艺文志》中载有伯乐《相马经》一卷；唐代张鷟写的《朝野佥载》、明人张鼎思著《琅琊代醉编·伯乐子》和杨慎著《艺林伐山》中均有大致相同的记载。

到了西汉时期，我国相畜学说已有《相六畜》38卷，大多是集春秋、战国时期相畜专著而成，虽早已失传，但散见于后世古农书中的有关内容。

汉代荥阳褚氏分别是相猪和相牛的名手。相牛和相禽也有专门著作。后来在山东临沂县银雀山西汉前期古墓中发现的《相狗经》竹简残片，也说明了当时相畜技术的发展和对家畜选种的重视。

魏晋时期，相马术、相牛术有显著发展。通过马体外形与内部器官的关系，来鉴别马匹。相马之人普遍认为，马匹的优劣和内部器官有密切关系，而内部器官的状况又可以从马体的外形中得到反映，因而提出了一个由表及里的"相马五藏法"。

"相马五藏法"注意到体表外貌与内部器官之间、结构与功能之间的相关性，并由此来推断马的特性及其能力，反映了我国古代家畜

外形鉴定技术已趋向成熟。

关于牛的品种鉴定，贾思勰的《齐民要术》中也有所论述。相牛有详细的标准是：良好的牛，头部肉不应过多，臀部要宽广，尾不要长到拖地。尾巴上毛少骨多的，有力。膝上的缚肉要硬实。角要细，横生、竖生都不要太大。身躯应紧凑。形状要像"卷"的一样。

相猪的标准是：好母猪应是嘴巴短面部无软毛的。可见相牛、相猪的经验也积累得比较丰富。

《齐民要术》中还阐述了对马的外形鉴定，先是淘汰严重失格和外形不良者，再相其余。实际进行相马时，不仅要有整体观念，而且马体各个部位要有明确的要求。

即"马头为王，欲得方；目为丞相，欲得光；脊为将军，欲得强；腹胁为城郭，欲得张；四下为令，欲得长"。这5句话非常生动形象地概括了良马的标准形象。

隋唐时期的相畜理论和相畜技术都有了重要发展。唐代的相马术，在历代相马理论和实践的基础上，更有显著进步。李石著的《司牧安骥集》认为，相马的要领是掌握相眼的技术，若系"龙头突目"，则属好相，一定是良骥。

《司牧安骥集·相良马论》认为，马体各部位之间的相互关系和内外联系，具有统一的整体观。《司牧安骥集》还指出：看本马的同时，还要了解该马上代的情况如何，把外形鉴定和遗传结合起来。

唐代相马学的进步，还表现在对一些迷信的说法开始采取批评的态度。如《司牧安骥集·旋毛论》认为，马的旋毛，本不足奇，根据旋毛的位置、方向判断凶吉，显然是迷信的说法。

《旋毛论》在1000多年前就能对这种谬论给予严正的批判，并指出相马"当以形骨为先"，其科学精神是了不起的。

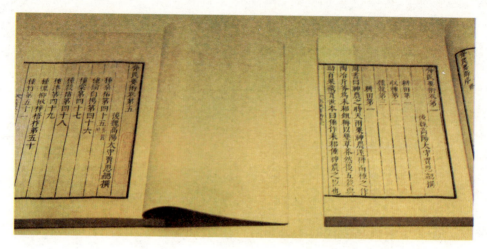

唐代以后，五代十国，直到宋元明清各个朝代，我国的相马理论和实践，基本上不超出宁戚《相牛经》、伯乐《相马经》、《齐民要术》、《司牧安骥集》有关篇章的范畴。

战国时期赵国的九方皋对相马有独到的见解。他曾经受伯乐推荐，为秦穆公相马3个月，回来报告说已经得到一匹黄色母马。但结果却是一匹黑色的公马。穆公很不高兴。

伯乐惊叹九方皋竟到了这种地步了，他对秦穆公说："九方皋所看见的是内在的素质，发现它的精髓而忽略其他方面，注意它的内在而忽略它的外表。像九方皋这样的相马方法，是比千里马还要珍贵的。"

那匹马经过饲养和训练，果然是一匹天下难得的好马。

古代渔业

　　我国是世界上最早进行池塘养鱼的国家之一。在渔业发展的过程中，我国的先民在鱼类养殖、鱼类捕捞、捕鱼方法、渔具创制等方都积累了丰富的经验，还编著了很多渔业文献，这后人留下了宝贵的精神文化遗产。

　　我国的渔业文明不仅指导了当时和后世的渔业实践，而且也对世界渔业的发展和人类文明的进步做出了重要的贡献。

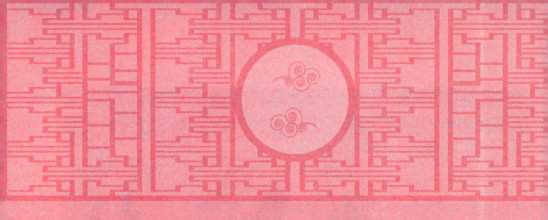

年代久远的鱼类养殖业

　　我国是世界上养鱼最早的国家之一，以池塘养鱼著称于世。一般认为池塘养鱼始于商代末年。《诗经·大雅·灵台》记叙了周文王游于灵沼，见其中饲养的鱼在跳跃的情景。这是池塘养鱼的最早记录。

　　从天然水体中捕捞鱼类到人工建池养殖鱼类，是渔业生产的重大发展。随着渔业的发展，养鱼的种类逐渐增多。

　　同时，在鱼池建造、放养密度、搭配比例、鱼病防治等方面，积累了丰富的经验，为我国近代养鱼的发展奠定了牢固的基础。

　　我国的养鱼业，一般认为始于商代末年，依据是殷墟出土的甲骨卜辞。殷墟出土的甲骨卜辞上载有："贞其雨，在圃渔"，意思是指在园圃的池塘内捕捞所养的鱼。以此推断，我国养鱼至少始于公元前12世纪。

　　战国时期，各地养鱼普遍展开，池塘养鱼发展到东部的郑国、宋国、齐国，还有东南部的吴、越等国，养鱼成为富民强国之业。

　　《孟子·万章上》中记载，有人将鲜活鱼送给郑国的子产，子产使管理池塘的小使将鱼养在池塘里。东晋散骑常侍常璩在《华阳国志·蜀志》中也说，战国时期的张仪和张若筑成都城，利用筑城取土而成的池塘养鱼。

　　这时的养鱼方法较为原始，只是将从天然水域捕得的鱼类，投置在封闭的池沼内，任其自然生长，至需要时捕取。

　　据西汉史学家司马迁的《史记》、东汉史学家赵晔的《吴越春秋》等史籍记载，春秋末年越国大夫范蠡曾养鱼经商致富，相传曾著《养鱼经》。该书反映了春秋时期养鱼技术的若干面貌。

　　西汉开国后，经60余年的休养生息，奖励生产，社会经济有了较大的发展，至汉武帝初年，养鱼业进入繁荣时期。

司马迁的《史记·货殖列传》中说，临水而居的人，以大池养鱼，一年有千石的产量，其收入与千户侯等同。

当时主要养鱼区在水利工程发达、人口较多的关中、巴蜀、汉中等地。经营者有王室、豪强地主以及平民百姓。养殖对象从前代的不加选择，变成以鲤鱼为主。

鲤鱼具有分布广、适应性强、生长快、肉味鲜美和在鱼池内互不吞食的特点。同时有着在池塘天然繁殖的习性，可以在人工控制条件下，促使鲤鱼产卵、孵化，以获得养殖鱼苗。鱼池通常有数亩面积，池中深浅有异，以适应所养大小个体鲤鱼不同的生活习性。

在养殖方式上，常与其他植物兼作，如在鱼池内种上莲、芡，以增加经济收益并使鲤鱼获得食料来源。

湖泊养鱼也始于西汉。葛洪在《西京杂记》中说，汉武帝在长安筑昆明池，用于训练水师和养鱼，所养之鱼，除供宗庙、陵墓祭祀用外，多余的在长安市上出售。

我国的稻田养鱼历史悠久，考古发掘和历史文献表明，至迟东汉时期，我国已经开始进行稻田养鱼。巴蜀地区农民利用夏季蓄水种稻期间，放养鱼类。

事实上，稻鱼共生系统是一种典型的生态农业模式。在这个系统中，水稻为鱼类提供庇荫和有机食物，鱼则发挥耕田除草、松土增肥、提供氧气、吞食害虫等多种功能，这种生态循环大大减少了系统对外部化学物质的依赖，增加了系统的生物多样性。

历经千余年的发展形成了独具特色的稻鱼文化，不仅蕴含丰富的传统农业知识、多样的稻鱼品种和传统农业工具，还形成了独具特色的民俗文化、节庆文化和饮食文化。极大地丰富了我国传统文化。

东汉的养鱼方式还有利用冬水田养鱼。这种冬水田靠雨季和冬季化雪贮水沤闲期间的蓄水养鱼。

在汉代养鱼业发达的基础上，出现了我国最早的养鱼著作《陶朱公养鱼经》。该书的成书年代有不同看法，有人认为是春秋珍年越国政治家范蠡所作，一般认为约写成于西汉末年。

从贾思勰《齐民要术》中，得知其主要内容包括选鲤鱼为养殖对象、鱼池工程、选优良鱼种、自然产卵孵化、密养、轮捕等。

自三国至隋代，养鱼业曾一度衰落，到了唐代又趋兴盛。唐代仍以养鲤鱼为主，大多采取小规模池养方式。

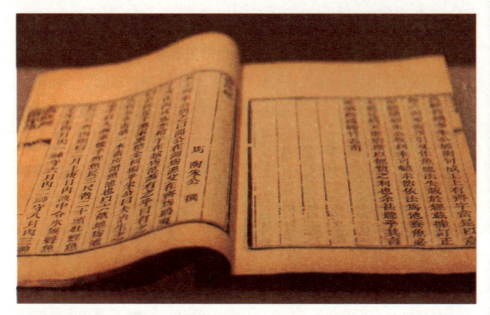

　　唐代养殖技术主要是继承汉代的，但这时已实行人工投喂饲料，以促进池鱼的快速生长。随着养鲤业的发展，鱼苗的需要量增多，到唐代后期，岭南出现以培养育鱼苗为业的人。当时岭南人采集附着于草上的鲤鱼卵，于初春时将草浸于池塘内，旬日间都化成小鱼，在市上出售，称为鱼种。

　　唐昭宗时，岭南渔民更从西江中捕捞鱼苗，售予当地耕种山田的农户，进行饲养。居住在新州、泷洲的农民，将荒地垦为田亩等到下春雨田中积水时，就买草鱼苗投于田内，一两年后，鱼儿长大，将草根一并吃尽，便可开垦为田，从而取得鱼稻双丰收。

　　宋元明清时期主要饲养青鱼、草鱼、鲢鱼和鳙鱼，在养殖技术上有较大程度的提高，养殖区域也随时间在不断扩展。这是我国古代养鱼的鼎盛时期。

　　北宋年间，长江中游的养鱼业开始发展，九江、湖口渔民筑池塘成鱼，一年收入，少者几千缗，多者达数万缗。

南宋时期，九江成为重要的鱼苗产区，每适初夏，当地人都捕捞鱼苗出售，以此图利。贩运者将鱼苗远销至今福建、浙江等地，同时形成鱼苗存在、除野、运输、投饵及养殖等一系列较为成熟的经验。

会稽、诸暨以南，大户人家都凿池养鱼。每年春天，购买九江鱼苗饲养，动辄上万。养鱼户这时将鳙鱼、鲢鱼、鲤鱼、草鱼、青鱼等多种鱼苗，放养于同一鱼池内，出现最早的混养。

宋代还开始饲养与培育我国特有的观赏鱼金鱼。随着养鱼业的发展，这时开始了进行鱼病防治工作。

元代的养鱼业因战争受到很大影响。在这种情况下，元代大司农司下令"近水之家，凿池养鱼"。农学家王祯的《农书》刊行对全国养鱼也起了促进作用。书中辑录的《养鱼经》，介绍了有关鱼池的修筑、管理，以及饲料投喂等方法。

明代主要养鱼区在长江三角洲和珠江三角洲，养殖技术更趋完善，在鱼池建造、鱼塘环境、防治泛塘、定时定点喂食等方面，有新的发展。

养鱼池通常使用两三个，以便于蓄水、解泛和卖鱼时去选鱼。池底北面挖得深些，使鱼常聚于此，多受阳光，冬季可避寒。

明代后期，珠江三角洲和长江三角洲还创造了桑基鱼塘和果基鱼塘，使稻、鱼、桑、蚕、猪、羊等构成良性循环的人工生态系统，从而提高了养鱼区的经济效益和生态效益。

混养技术也有提高，在同一鱼池内，开始按一定比例放养各种养殖鱼类，以合理利用水体和经济利用饵料，有利于降低成本，提高产量，增加收益。

河道养鱼也始于明代。这种养殖方式的特点是将河道用竹箔拦起，放养鱼类，依靠水中天然食料使鱼类成长。明嘉靖时期，三江闸建成，绍兴河道的水位差幅变小，为开发河道养鱼创造了条件。

池养也见于明代。松江渔民在海边挖池养殖鲻鱼，仲春在潮水中捕体长寸余的幼鲻饲养，至秋天即长至尺余，腹背都很肥美。

清代养鱼以江苏、浙江两省最盛。其次是广东。江苏的养鱼区主要在苏州、无锡、昆山、镇江、南京等地。浙江养鱼以吴兴菱湖最著名，嘉兴、绍兴、萧山、诸暨、杭州、金华等地都是重要的养鱼区。

广东的养鱼区主要在肇庆、南海、佛山。其他如江西、湖北、福建、湖南、四川、安徽、台湾等省，也有一定的养殖规模。养鱼技术主要承袭明代的，但在鱼苗饲养方面有一定发展。

明末清初著名学者屈大均《广东新语·鳞语》说，西江渔民将捕得的鱼苗分类撇出，出现了最早的撇鱼法。

在浙江吴兴菱湖，渔民利用害鱼苗对缺氧的忍耐力比养殖鱼苗小的特点，以降低水中含氧量的方法，将害鱼苗淘汰，创造了挤鱼法。

除了鱼类外，我国古代还有牡蛎、蚶子和缢蛏。牡蛎早在宋代已用插竹法养殖，明清时期养殖更加广泛。清代广东采用投石方法养殖，如乾隆年间东莞沙井地区的养殖面积约达200顷。

明代浙江、广东、福建沿海已有蚶子养殖业。在水田中养殖的泥蚶以及天然生长的野蚶，人们已能对两者正确加以判别。

明代福建、广东已有缢蛏养殖。《本草纲目》《正字通》《闽书》等记述了缢蛏滩涂养殖的方法。所有这些，都极大地丰富了我国古代水产养殖业。

知识点滴

我国古代最早的人工池塘养鱼，不是出自鱼米之乡的江南沿海，而是出自西北黄土高原的甘肃。甘肃省有灵台县，地属陇东，与岐山相接。灵台县名是因为西周文王曾在此建造"灵台"而得名，至今"灵台"遗迹犹存。

关于西周文王建造"灵台"一事，我国第一部诗歌总集《诗经》中有记述。古籍《诗经·大雅》有《灵台》一篇，具体描写了周文王为祈求上天保佑，征集民夫建造灵台一座，以为祈祷祭祀之所，同时又在灵台下挖一硕大池沼，名曰"灵沼"，并在池沼中蓄养了相当数量的鲤鱼，这便是我国古代人工池塘养鱼之始。对我国古代悠久的渔业生产的发展产生了巨大的启迪和推动作用。

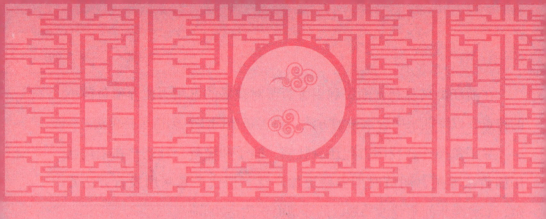

逐渐进步的鱼类捕捞业

我国地处亚洲温带和亚热带地区，水域辽阔，鱼类资源丰富，为捕鱼业的发展提供了有利条件。

早在原始社会的早期发展阶段，鱼类就是人们赖以生存的食物之一。先是在内陆水域和沿海地区捕鱼作业，后来逐渐较大规模地向近海发展。

在长期的生产实践中，劳动人民创造了种类繁多的渔具和渔法。清代末年，随着西方新技术的传入，捕鱼开始以机器为动力，从传统的生产方式逐步走向近代化。

我国的捕鱼业始于1.8万年前的山顶洞人时期，那时人们除了采集植物和猎取野兽外，还在附近的池沼里捕捞鱼类。当时已能捕获长约80厘米的大草鱼。

到了原始社会末期，捕鱼生产逐渐在我国南北各地展开。在农作物种植相对较多的地方，捕鱼成为重要的副业，而在自然条件对鱼的生长有利的地方，捕鱼则发展成带有专业性质的生产。

随着原始捕鱼活动，我国古代劳动人民的捕鱼技术也在不断进步，同时发明了许多新的渔具，如弓箭、鱼镖、鱼叉、鱼钩、渔网、鱼笱、鱼卡等。

距今约7000年前，居住在今浙江余姚的河姆渡人，已经使用独木舟之类的船只到开阔的水面捕鱼。5000年前，居住在今山东胶县的人们，已经以捕捞海鱼为生。

公元前21世纪，捕鱼仍占有一定比重。在多处夏文化遗址出土的渔具，包括制作较精的骨鱼镖、骨鱼钩和网坠，反映出当时的捕捞生产已有进步。

战国时魏国史官所作的《竹书纪年》中说夏王"狩于海，获大鱼"，表明海上捕鱼当时是受重视的一项生产活动。

商代的渔业在农牧经济中占有一定地位。商代的捕鱼区主要在黄河中、下游流域，捕鱼工具主要有网具和钓具。

在河南偃师二里头早商宫殿遗址出土有青铜鱼钩。这枚鱼钩钩身浑圆，钩尖锐利，顶端有一凹槽，用以系线，有很高工艺水平。

河南安阳殷商遗址出土的文物中，发现了铜鱼钩，还有可以拴绳的骨鱼镖。出土的鱼骨，经鉴别属于青鱼、草鱼、鲤、赤眼鳟和鲻，此外还有鲸骨。鲻和鲸都产于海中。

商人捕捞的鱼类范围很广，有淡水鱼类青鱼、草鱼、赤眼鳟和黄颡鱼等，这有河口鱼类鲻。说明当时的渔具和技术已经很先进了。

周代捕鱼有进一步发展，捕捞工具已趋多样化，有钓具、笱、罩、罾等多种，可归纳为网渔具、钓渔具和杂渔具三大类。此外，还创造了一种渔法，是将柴木置于水中，诱鱼栖息共间，围而捕取。成为后世人工鱼礁的雏形。

由于捕捞工具的改进，捕捞鱼类的能力也有相应的提高。据《诗经》中记载，当时捕食的有鲂鱼、鳏鱼、鳝鱼、鲨鱼、鲤鱼、鲔鱼、鲦鱼、鲟鱼、嘉鱼等10余种，这些鱼有中小型的，也有大型的，分别生活于水域的中上层和底层。

网具和竹制渔具种类的增多以及特殊渔具渔法的形成，反映出人们进一步掌握了不同鱼类的生态习性，捕鱼技术有了很大的提高。

西周开始对捕鱼实行管理，渔官称"渔人"。已形成一支不小的管理队伍。渔人的职责除捕取鱼类供王室需用外，还执掌渔业政令并征收渔税。

为保护鱼类的繁殖生长，西周还规定了禁渔期，一年之中，春季、秋季和冬季为捕鱼季节，夏季因是鱼鳖繁殖的季节而不能捕捞。对破坏水产资源的渔具和渔法，同样也作了限制。

春秋时期，随着冶铁业的发展，开始使用铁质鱼钩钓鱼。铁鱼钩的出现推动了钓鱼业的发展。近海捕鱼这时也有很大发展，位于渤海之滨的齐国，因兴渔盐之利而富强。

从秦汉到南北朝的七八百年间，人们对鱼类的品种和生态习性积累了更多的知识。东汉文字学家许慎《说文解字》中所载鱼名达到70余种。当时对渔业资源也实行保护政策。

汉代随人口的增长和社会经济的发展，捕鱼业较前代更盛。据东汉史学家班固的《汉书·地理志》中记载，辽东、楚、巴、蜀、广汉都是重要的鱼产区，市上出现大量商品鱼。

捕捞技术也有进步，唐代官员徐坚《初学记》引《风俗通》说，罾网捕鱼时已利用轮轴起入，这是最早的使用机械操作。东汉哲学家王充的《论衡·乱龙篇》中说，当时使用一种模拟鱼诱办法，就是集鱼群以使鱼上钩，这是后世拟饵钓的先导。

这一时期海洋捕鱼也有很大发展。汉武帝时已能制造"楼船""戈船"等大战船，从而推动了海洋捕捞技术的发展，使鲐鱼、鲭鱼、鳀鱼、鳓鱼、石首鱼等中上层和底层鱼类的捕捞成为可能。

魏晋至南北朝，黄河流域历遭战乱，捕鱼类衰落，在长江流域，东晋南渡后经济得到开发，渔业也在相应发展。这时出现了一种叫鸣粮的声诱鱼法，捕鱼时用长木敲击船板发出声响，惊吓鱼类入网。

在东海之滨的上海，出现一种叫沪的渔法，渔民在海滩上植竹，以绳编连，向岸边伸张两翼，潮来时鱼虾越过竹枝，潮退时被竹所阻而被捕获。随捕鱼经验的丰富，对鱼类的游动规律也有一定程度的认识。

唐代的主要鱼产区在长江、珠江及其支流，这时除了承用前代的渔具、渔法外，还驯养鸬鹚和水獭捕鱼。这是捕捞技术中的新发展。

唐代渔法之多远超历代，当时的钓具已很完备，有摇钓线的双轮，钩上置饵，钓线缚有浮子，可用以在岸上或船上钓鱼。还有用木棒敲船发声以驱集鱼类，用毒药毒鱼或香饵诱鱼进行捕捞等。鸬鹚捕鱼也已出现。

据代张鷟的笔记小说集《朝野签载》记载，当时还有木制水獭，口中置有转动机关，鱼饵放在机关中，鱼吃饵料时，机关转动，獭口闭合而将鱼捕捉。

唐末，诗人陆龟蒙将长江下游的渔具、渔法作了综合描述，写成著名的《渔具诗》，作者在序言中，对各种渔具的结构和使用方法作了概述，并进行分类。这是我国历史上最早的专门论及渔具的文献。

宋元明清时期以海洋捕捞为主，出现了捕捞专一经济鱼类的渔业，捕捞海域逐渐上近岸向外海扩展，同时出现了不少新的渔具和渔法。海洋捕捞方面实行带有几只小船捕鱼的母子船作业方式。

宋代随东南沿海地区经济的开发和航海技术的进步，大量经济鱼类资源得到开发利用，浙江杭州湾外的洋山，成为重要的石首渔场，每年三四月，大批渔船前往采捕，渔获物盐腌后供常年食用，也有的冰藏后运销远地。

此外，据《辽史·太宗本纪》中记载，北宋时辽国契丹人已开始冰下捕鱼，契丹主曾在游猎时凿冰钓鱼；此外还有凿冰后用鱼叉叉鱼的作业方法。

马鲛鱼也是当时重要的捕捞对象。使用的渔具有大莆网和刺网等。据南宋文学家周密《齐东野语》载，宋代捕马鲛鱼的流刺网有数十寻长，用双船捕捞，说明捕捞已有相当规模。

宋代淡水捕捞的规模也较前代为大。比如江西鄱阳湖冬季水落时，渔民集中几百艘渔船，用竹竿搅水和敲鼓的方法，驱使鱼类入网。再如在长江中游，出现空钩延绳钓，它的钓钩大如秤钩，用双船截江敷设，钩捕江中大鱼。

竿钓技术也有进步，北宋哲学家邵雍《渔樵问答》把竿钓归纳为由钓竿、钓线、浮子、沉子、钓钩、钓饵6个部分构成，这与近代竿钓的结构基本相同。这一时期，位于东北地区的辽国，开始冬季冰下捕鱼。

明代海洋捕捞业继续受到重视，主要捕捞对象仍是石首鱼，生产规模比前代更大。

明代人文地理学家王士性《广志绎》说，每年农历五月，浙江宁波、台州、温州的渔民以大渔船往洋山捕石首鱼，宁波港停泊的渔船长达5千米。这时的渔民已开始利用石首鱼在生殖期发声的习性探测鱼群，再用网截流张捕。

明代淡水渔具的种类和构造，生动地反映在明文献学家王圻的《三才图会》中。该书绘图真切，充分显示了广大渔民的创造性。它将渔具分为网、罾、钓、竹器四大类，很多渔具沿用至今。

又据《直省府志》记载，明代已使用滚钩捕鱼，捕得的鲟小者100至150千克，大的500至1000千克。

《宝山县志》介绍当时上海宝山已有以船为家的专业渔民，使用的渔具有攀网即板罾、挑网、牵拉网、捞网等，半渔半农者则使用撒网、搅网、罩或叉等小型渔具。

当时湖泊捕鱼的规模也相当大，山东微山湖、湖南沅江及洞庭湖一带都有千百艘渔船竞捕。太湖的大渔船具6张帆，船长八丈四五，宽二丈五六，船舱深丈许，可见太湖渔业的发达。在东北，边疆少数民族部落每当春秋季节男女都下河捕鱼，冬季主要是冰下捕鱼。

我国明代的海洋捕鱼业尽管受到海禁的影响，仍有很大进步，出现了专门记述海洋水产资源的专著，如明末清初官员林日瑞的《渔书》、明代官员屠本畯的《闽中海错疏》、明末清初文人胡世安的《异鱼图赞》等。

这一时期的渔具种类，网具类有刺网、拖网、建网、插网、敷网，钓具类有竿钓、延绳钓，以及各种杂渔具等。渔具的增多，表明了对各种鱼类习性认识的深化，捕捞的针对性增强。

当时已经出现了有环双船围网，作业时有人瞭望侦察鱼群。南海还用带钩的标枪系绳索捕鲸。东海黄鱼汛时，人们根据黄鱼习性和洄游路线，创造了用竹筒探测鱼群的方法，用网截流捕捞。声驱和光诱也是常用的捕鱼方法。

清初，广东沿海开始用双船有环围网捕鱼。围网深八九丈、长五六十丈，上纲和下纲分别装有藤圈和铁圈，贯以纲索为放收。捕鱼时先登桅探鱼，见到鱼群即以石击鱼，使惊回入网。这是群众围网捕

鱼的起始。

此后，浙江沿海出现饵延绳钓，钓捕带鱼及其他海鱼，渐次发展成浙江的重要渔业之一。

内陆水域捕鱼也有发展，太湖捕鱼所用渔船多至六桅。在边远地区，一些特产经济鱼类资源也得到大量开发利用。

清末，西方的工业捕鱼技术开始传入我国，光绪年间，江苏南通实业家张謇，会同江浙官商，集资在上海成立江浙渔业公司，向德国购进一艘蒸汽机拖网渔船，取名"福海"，在东海捕鱼生产。这种安装动力机器的渔船，在航行上不再依靠风力，在生产操作上借助机械的传导，提高了生产效率。

知识点滴

我国海洋渔船从风帆时代跨入机器动力时代，始于我国近代张謇。1904年，张謇引进了我国第一艘机轮拖网渔船"福海号"从事拖网渔业，掀开了我国动力化渔船的历史新篇章。

"福海号"船长33.3米，宽6.7米，功率500马力。该船原名"万格罗"，系德商的渔轮，江浙渔业公司从青岛德商处购下后改名"福海号"。该轮除从事捕捞作业外，还兼负护洋任务，由官府发给快炮一尊，后膛枪10支，快刀10把，负责保卫江浙洋面民众渔船。

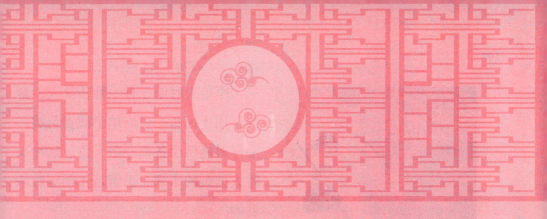

创造出的多种捕鱼方法

渔业是人类最早的生产活动之一。据考古工作者证实，旧石器时期山西汾河流域的"丁村人"，能够捕捞到青鱼、草鱼、鲤鱼和螺蚌等；旧石器晚期北京周口店的"山顶洞人"知道采捕鱼、蚌，这说明我国祖先的捕捞能力至新石器时期，捕鱼技术和能力已有一定的发展。

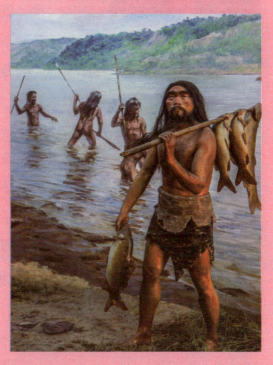

在我国出土的古代文物中，从南至北都有鱼钩、鱼叉、鱼标、石网坠等各种捕鱼工具。据考古实物和有关资料考证，我国古代已经有多种捕鱼方法。

原始人时期，有一种长臂人，最善于用手捕鱼，可以单手捕捉鱼类，上岸时能两手各抓一条大鱼。这种长臂人捕鱼的本领，无疑是长期实践练就的。

鱼是一种很难用手抓到的动物，在水中游动迅速，且鱼体非常光滑，徒手去摸鱼，捉到鱼的概率很小。为了捕到更多的鱼，随着经验的不断总结和发展，人们便想出了"竭泽而渔"的办法。

"竭泽而渔"是原始的捕鱼方法。就是把小的水坑、水沟弄干，把鱼一举捉尽。单从方法上讲，这是一个飞跃。如果不是靠"竭泽而渔"的办法，原始人是不可能一次捕到好多鱼的。在最初，这种"竭泽而渔"很可能是一种相当普遍采用的方法。

原始人定居以后，对于"竭泽而渔"的后果逐渐引起了注意：周围小型水体被弄干，鱼无生息之处了，昨天还是鱼香满口，今天连鱼味也闻不到了。

古人终于明白取之不留余地，只图眼前利益，不作长远打算的害处。提倡适度开发、可持续发展，反对追求竭泽而渔式的短期利益，我们的祖先早已具备了这样的生存智慧。

古代捕鱼还有以棍棒击鱼的方法。在没有木刀的情况下，也用棍棒打鱼。后来，在滇川交界的泸湖畔，每当早春三月，岸柳垂绿，桃花盛开之际，当地的普朱族和纳西族仍利用鱼群游到浅滩产卵的机会，用木刀砍鱼，刀不虚发，每击必中，使鱼昏浮在水面。

箭射捕鱼是秦汉以前捕捞较大鱼类的主要方法之一。史记载，公元前210年，徐福入海求仙药时，带有众多弓箭手，见鲛鱼则"连弩射之"。明代人们常用带索枪射鱼。

少数民族箭射捕鱼也很常见。鄂伦春族、高山族常用弓箭或鱼镖射捕鱼，当鱼浮出水面，或举弓射击，或用鱼镖叉鱼。

以兽骨或角磨制的鱼镖有多种形式，多具有倒钩，有的一边具倒钩，有的两边具倒钩。鱼镖尾柄凸节或凹槽，可以固定在镖柄上，或拴以绳索，插于镖柄前端的夹缝中，成为带索鱼镖，鱼被刺中后挣扎，鱼镖柄脱离，可以持镖柄拉绳取鱼。

最古老的钓鱼方法不用鱼钩，这就是无钩钓具。这一捕鱼的方法甚至沿袭至近代。

过去，云南有些苦聪人和芒人妇女钓鱼时，一般仍用一根竿头拴一根野麻绳的钓竿，钓鱼时，先把竹竿斜插在河岸上，绳端拴一条蚯蚓，然后把绳头置入水里，待鱼群见饵而来争食蚯蚓，把竹竿拉得左右摇动之时，钓者猛拉鱼竿，准确地把鱼甩在竹篓里。

有钩钓具捕鱼比较普遍。有一件6000多年前的骨鱼钩，倒钩至今还甚锋利。这是在西安半坡遗址出土的，可以与现在的钓钩相媲美。在骨器钓钩之前，有以树的棘刺、鸟类的爪子钓鱼。

古代的钓鱼方法很多，有竿钓、下卧钓、甩竿和滚钩钓等。不同的季节，钓鱼的地点也有差别，故有"春钓边，秋钓滩，夏季钓中间"的渔谚。

用网捕鱼是一种古老的方法。渔网的发明很早，据有关史料记载，网是伏羲氏看见蜘蛛结网后受到启发而制作的。《易·系辞下》载，伏羲氏"做结绳而为网罟"。

最初的网既用于捕鸟兽，又能捕鱼。自从有文字以来，就有关于网的记载。在最初的象形文字中，就有用网捕鱼的字形。在秦汉以前的古籍中，已经提到多种网具和网的结构，据载有的网具已有很长的网纲，有的相当于后来的大拉网。

古代劳动人民曾经发明以假鱼引诱真鱼的方法。这种以形象引诱的方法，比饵诱法经济得多。过去东南沿海地区捕捞墨鱼的时候，渔民多在潮水到来之前，先划船入海，以长绳牵引数十个鱼篓，每个鱼篓里盛一个牝墨鱼，潮水淹没后，牝墨鱼发出鸣叫，墨鱼闻声而至，潮水退后，再收篓取鱼。这种诱法是利用物异性相吸而发明的。

古代灯光诱鱼也经常采用，一般在捕鱼、捉蟹时，都以点燃火把为号，鱼、蟹见光而至。这是利用鱼、蟹的趋光性，用光引诱的方法捕鱼。

鱼筌捕鱼也是古人使用的方法之一。鱼筌是以竹编制的，呈圆锥形，尖端封死，开口处装有一个倒须的漏斗。使用时，将其放置在水沟分岔处，鱼可顺水而入，但因倒须阻拦，而不能出来。

鱼筌起源很早，在浙江杭州水田畈遗址就出土一件鱼筌。说明在几千年前，长江下游的原始居民已经开始运用鱼筌捕鱼了。

西南地区有些少数民族捕捉鳝鱼、泥鳅时，多砍取一些竹筒，一端由原来的竹隔膜封死，一端装一个有倒须的漏斗，夜间放在田垄之间，鱼能进不能出，天明取回竹筒。

陷阱捕鱼也被采用过。陷阱是以篱笆或土石筑成的，各民族普遍使用。东北鄂伦春族的"挡亮子"就是这种方法。

鄂伦春人根据鱼类"春上秋下"的游动规律，在小河岔口处筑一个开口，然后安置一个较大的口小腹大篮筐，无论是鱼顺流而下，还是逆流而上，都能进入，有进无出，人们可以"瓮中捉鳖"，一次能

捕几十斤甚至上百斤的鱼。这类方法流传的时间长，采用的人多。

把野生的鸬鹚加以驯化，用来捕鱼，以我国为最早。据我国文献记载，在《尔雅》及东汉杨孚撰写的《异物志》里，均有鸬鹚能入水捕鱼，而湖沼近旁之居民多养之，使之捕鱼的记载。

据古书记载，驯养鸬鹚捕鱼，大概源于秦岭以南河源地区，此地三国以后开始推广鸬鹚捕鱼。这要比日本于5世纪始用鸬鹚捕鱼的记载要早得多。

综上所述，人类的捕鱼技术是由低级向高级发展的。鱼生活在水中，捕捞难度大，所以捕捉的方式不管如何千变万化，都是尽力断绝其生存条件。

因此，捕鱼方法既采取了若干狩猎方法，也有不少新的发明创造，积累了丰富的经验，这是人类征服自然的记载。

知识点滴

据传说，有一次，伏羲在蔡河捕鱼时逮住一个白龟。他把白龟养了起来，没事儿就看着白龟想天地间的难题。

有一天，伏羲突然发现白龟盖上有花纹，他就折草在地上照着花纹画。画了九九八十一天，画出了名堂。他用一条连续的画线当作"阳"，两条间断的画线当作"阴"。

然后，他根据天地万物的变化，将阴阳来回搭配，或一阳二阴，或一阴二阳，或二阴一阳，或二阳一阴，或三阴无阳，或三阳无阴，画来画去，最后画成了八卦图。

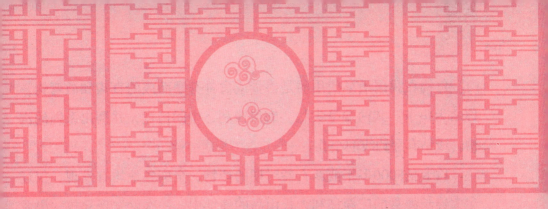

不断改进的鱼钩和鱼竿

鱼钩和鱼竿是从事钓鱼活动的专用工具。它是人类在长期的钓鱼过程中逐渐发明的，并且随着钓鱼活动的发展而不断地得以改进。因此，鱼钩和鱼竿的制作突出地反映着古代钓鱼技术的发展水平。

鱼钩是获鱼的直接工具，在竿、线、钩、漂、坠、饵中，与饵一样，发明时间最早，改进得最多、最快。竿钓的发明，是因为鱼有自卫能力，不肯近前，于是人们在钓鱼实践中发明了竿钓。

　　鱼钩在我国最早使用的是兽骨或禽骨劈磨而成的直钩和微弯钩，称之为鱼卡。其两端呈尖状，磨得锋利，中间稍宽，并磨出系绳的沟槽，或钻有穿钓线的小孔。

　　鱼卡是8000多年前新石器时期的产物，全国各地均有发现，仅辽宁大连长海县的广鹿岛和大长山岛的遗址中，一次就发现36枚；黑龙江新开流新石器时期遗址中也出土了7枚。江苏连云港出土了用蚌壳磨制的直钩数十枚。

　　到了新石器晚期，即5000年前的仰韶文化时期，出现了弯钩，有倒刺和无倒刺两种骨制。有兽骨截断单独磨成的，有用禽骨磨成的，禽骨坚韧锋利。但磨成弯钩很困难，于是拣细而坚利的磨成带倒刺的钩尖部分，然后绑在另一节作为钩柄的骨头上，成为绑制弯钩。这些弯钩原是用麻丝或晒干的肠衣绑制而成鱼钩的。

　　由此可见，我们的祖先早已会用手绑制打结，制造出细腻的劳动工具，其智商已远远超出所有灵长目动物。

　　从直钩到弯钩是钓鱼工具的一大进步，直钩只起到"卡"的作用，钩横卡在鱼嘴里，如果直接提上岸，多数会脱钩。

　　有时卡的不是地方，或卡的角度不对，鱼嘴一活动，头一扭摆，钩会从鱼嘴里脱出，鱼便会逃之夭夭。而弯钩就可避免这些缺点，只要钩尖锋利，线、竿牢固，钓者又有一定的擒鱼、遛

鱼、抓鱼本领，一般的鱼是难以逃脱的。

直钩到弯钩是一大进步，从无倒刺弯钩到有倒刺弯钩又是一大进步，由于当时钓具粗放，在没有发明鱼竿之前，是用手拽棉、麻搓制的捕鱼线，或动物肠子晒干加工制成的鱼绳，鱼钩的角度、钩弯的角度、柄的长短，还是不够科学实用。因此，弯钩无倒刺的骨制钩还是易跑鱼。

在考古挖掘中，发现距现代越近的新石器时期，所制作的鱼钩就越精细而且科学，有倒刺的鱼钩也越来越多。

钩的形状也逐步有讲究，不仅有短柄，也有长柄，龙门的宽窄也有区别。钩尖的弯度，钩的形状也不同，以适应钓取不同的鱼类和运用于不同的水域。

倒刺钩大大降低了脱钩率，对于当时只求将鱼钓上来食用说，是生产上的一大进步。这也为后世制作各种型号的鱼钩奠定了基础。

在有些墓葬中，还发现一些石钩和玉钩。虽然历经几千年，仍旧可看出其精心磨制的痕迹。这些钩都较鱼钩大而重，钩尖也钝。原来

这些钩是没有使用的痕迹。

有些人的墓葬中以金属殉葬为主，也夹杂些这种石钩和玉钩，也是从未使用过的。有的酷爱钓鱼，逐步使钓鱼从纯生产型上升到娱乐型，钓鱼取乐。

制造这种石钩、玉钩就是为了欣赏，表示自己的爱好和身份。有些铜制钩和铁制钩也做得十分精巧，也从未钓过鱼，其作用也是欣赏娱乐。

骨鱼钩的出现，是钓鱼历史上的伟大创举，而金属鱼钩的问世，表明我国古代钓鱼活动已经由手工磨制进入由金属冶炼的新时代，这不仅仅是钓鱼事业的一大进步，更说明这个活动已大步跨入文明时代。而最典型的就是，青铜的使用在钓鱼活动中体现出来。是谁最早制作铜钩已无史可考，但河南偃师二里头出土的铜鱼钩已有3500年。

古代的鱼竿产生于何时、何地，已无迹可考。新石器时期，我们的祖先发明鱼钩后，仅用藤蔓、棕榈、肠衣等作线钓鱼。

竿的材料不外乎树枝、芦苇、竹、荆条之类，总之可以延长手臂使钩抛远施钓的长而轻的植物，似乎都用过了。竹竿又轻又坚韧，古代似乎每地均有所用，而且一直流传下来。

鱼竿正式在史籍上出现，是2500年前的《诗经》。其《卫风·竹竿》诗中有一句的意思是说：我用又细又长的竹竿啊，在淇水边钓鱼。这是鱼竿的最早记载。

另外，从绘画上看，五代时的《雪渔图》、宋代的《寒江独钓图》、明代的《秋江渔隐图》、版画《子陵钓图》、清代的《江山垂钓图》，以及清代的彩色年画《渔归》和版画《蜀江得鲤》等，都描绘有独根细竹竿做的钓竿。

用其他植物枝干做钓竿的也不少。《列子·汤问》篇说，有个人以茧丝为纶，芒针为钩，荆条为竿，粮食为饵，到大河边去钓鱼。

这里说的荆条，是无刺的灌木，种类很多，多丛生原野，光滑柔软，坚韧不易断，可以作钓竿，也可做抽打人的鞭子。古有"负荆请罪"之说，也有用荆条来做筐的，用途很广。

用多种随手可得的植物枝干作钓竿，是为了钓到鱼而发明的临时工具。等到钓鱼上升到娱乐阶段，钓鱼为了享乐，不免要在竿子上做些文章，使其既美观又适用。比如在竹钓竿绘上或刻上美丽的花纹图饰，使竿具有观赏价值。

南朝梁学者刘孝绰《钓鱼篇》中有"银钩翡翠竿"之句。钩用银子制作，钓竿上嵌以翡翠宝石，多么漂亮。难怪后来用的钓竿都漆得红绿相间，十分好看，这也是传统留传下来的习惯。

我们的祖先在连续不断的钓鱼实践中，还发明了抛竿。抛竿的特点是长线短竿钓，运用绕盘的机械原理，将钩抛远以钓取大鱼，以绕盘可以收放线的特点卸去大鱼的巨大冲击力，有效地防止线断竿断，而将大鱼稳稳地擒获。这是我国钓鱼史上值得大书特书的一大飞跃。

因抛竿是将木或竹制盘圆轮装在手柄处缠线收放，因此古代称之为"轮竿"；又因它的原理是将战车的曲轴运用到钓竿上，故又名"奔车"。

抛竿的文字记载始于唐代，有两种：

一种是轻巧小轮，有4齿的，也有6齿的，其轻小，绕线少。有的能转动，有的不能转动，按在竿的中部前方，其槽内放线少，一般15米左右。这种轮竿多用于坐在船头或深水矶头钓鱼，还是手竿钓，不可抛钩掷远，所以还称不上是抛竿。

还有一种是竿上有过线环、竿柄上方有绞盘的轮竿，古称钓车。其原理及运用与今天的抛竿，或称之为海竿、甩竿已一模一样。

到了清代，已有关于延绳钓的详细记载，《古今图书集成》更有大量涉及钓鱼内容的叙述。

延绳钓是指钓具通过干线上间隔相同的支线连结钓钩，具有干线长而支线多和钓捕范围广的特点。为便于操作，钓线平时整齐盘放在箩、夹等容器或夹具里。每箩干线长数十米至数百米不等，有的可达千米以上，用以悬垂支线数十根至数百根。作业时，干线少则数箩，多则数百笭连接使用，并通过浮、沉子等装置，使干线沿水平方向延伸，保持在一定的水层。干线上通常还有适当数量的浮标，便于识别和管理。作业方式有定置式和漂流式两种，前者用锚、沉石或插竿等固定，可在流急和狭窄的渔场使用；后者随流漂移，适宜于在宽阔的缓流水域作业。为了钓捕不同水层的鱼类，延绳钓还有浮延绳和底延绳的区别。

延绳钓在钓渔具的捕捞生产中，所占的比例最大，但用于淡水作业时规模较小，且多属定置式；海洋中作业的延绳钓有大型、中型、小型之分。延绳钓有手工操作和机械操作两种形式。简单的机械操作只备立式或卧式起钓机1台，比较完善的则已实现放钓、起钓机械化，有的还安装了能收容全部干线的卷线机。

这些都表明，我国的钓鱼历史源远流长，经验十分丰富。

姜尚是西周的政治家、军事家和谋略家，他在成名之前，曾在渭水钓鱼。当时他用直钩钓鱼，还离水面3尺高，鱼钩上也没挂香饵。用他自己的说话：钓鱼是待机进取，是要钓王与侯，宁在直中取，不可曲中求！

有一天，西伯姬昌来到渭河边踏青打猎。听说大贤姜尚就在这里，便决意请他辅佐。姜尚开始未予理睬，但姬昌求贤心切，3日后亲率百官一同再访姜尚，姜尚终于被感动。

自遇到姬昌，姜尚从此放下钓竿，辅佐姬昌灭商建周，成为一代名臣。

知识点滴

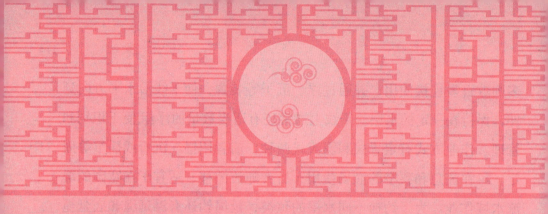

丰富的渔业文献

　　我国古代的一些思想家和政治家对渔业经济问题有过许多论述，编辑著作了丰富的渔业文献。反映了当时的渔业状况，指导了当时及后世的渔业生产，在我国古代渔业史上占有重要地位。

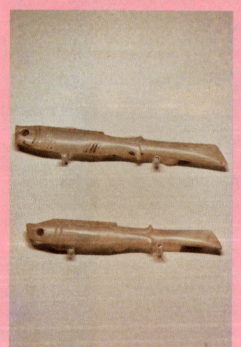

　　在古代渔业文献中，比较著名的有《陶朱公养鱼经》《闽中海错疏》《种鱼经》《渔书》《官井洋讨鱼秘诀》《然犀志》《记海错》《海错百一录》。这些文献，都是研究我国渔业发展史的重要参考资料，极大地促进了我国渔业的大发展。

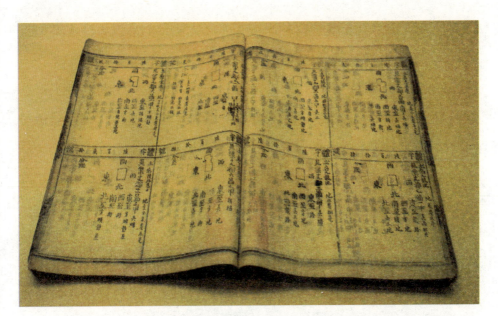

　　我国古代有着丰富的渔业文献。早在《诗经》《尔雅》等古籍中，就有有关渔具、渔法和水产经济动植物的记载。

　　汉代以来，随着养鱼业和捕鱼业的进一步发展，这方面文献日益增多，多散见于笔记、农书和方志之中。在水产品利用方面，也从食用发展到药用，这在历代著作中均有所反映。至明清两代，渔业文献趋向系统性，产生了很多专门著作。

　　主要有《陶朱公养鱼经》《闽中海错疏》《种鱼经》《渔书》《官井洋讨鱼秘诀》《然犀志》《记海错》《海错百一录》等。

　　《陶朱公养鱼经》原书已秩，后是从贾思勰《齐民要术》中辑出的。学术界一般认为该书是春秋末年，越国大夫范蠡所著。范蠡晚年居陶，称"朱公"，后人遂称之为"陶朱公"，故本书又名《陶朱公养鱼经》《陶朱公养鱼法》《陶朱公养鱼方》等。

　　《陶朱公养鱼经》现存400余字，总结了我国早期的养鲤经验，以问对形式记载了鱼池构造、亲鱼规格、雌雄鱼搭配比例、适宜放养的时间，以及密养、轮捕、留种增殖等养鲤方法，与后世方法多类似，是我国养鱼史上值得重视的珍贵文献。

《闽中海错疏》是明代屠本畯写的记述我国福建沿海各种水产动物形态、生活环境、生活习性和分布的著作。这书是他任福建盐运司同知时写的，成于1596年。

该书是现存最早的水产生物区学志。在海产动物、贝类动物、淡水养殖业、鱼类、医药学、农学、动物学方面，均取得了突出成就。在海产动物方面，《闽中海错疏》有许多新发现。鳀是一种名贵的金色小沙丁鱼，明以前不见于记载，此书却对它作了描述。

福建地处浙粤之间，有些海产动物是相似的，所以屠本畯对福建海产动物的描述，多用浙东沿海所产的加以比较，因此，《闽中海错疏》可视为中国早期的海产动物志或海产动物专著。

屠本畯通过对海产动物的研究，获得了许多海洋动物形态生态知识。例如，他形象地描述方头鱼头略呈方形；虎鲨头目凹而身有

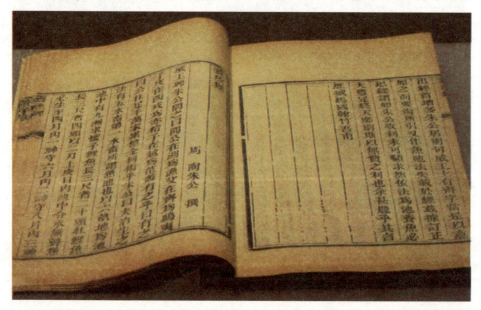

虎纹的形态特点；对真鲷、橄榄蚶、结蚶等海产动物形态的描述也很具体。根据所描述的特点可以鉴定到种。与福建地区现生种类基本相符。

在贝类动物方面，屠本畯明确提出了自己的见解。比如泥螺在7至9月间产卵，秋后所采是产过卵的个体，所以肉硬且味不及春。当年孵出的螺个体小，肉眼不易看见，第二年春季长到谷粒大小，至五六月开始繁殖。

从屠本畯对泥螺自然繁殖的描述来看，反映出他对泥螺的生态习性已有清晰的认识。

他还观察到棱鯔在深冬时卵巢和精巢充满腹腔，以及性腺成熟和产卵。到春天鱼排精产卵后，即体瘦而无味。这种对鱼生殖期的认识，在养细业上有参考价值。

书中对某些海产动物的内部器官也有叙述。如指出章鱼腹内有黄褐色质，也就是肝脏，有卵黄。以上都说明在16世纪时，我国人对海洋动物的观察和认识已达到较高的水平。

在淡水养殖业方面，明代淡水养殖业已相当发达，在《闽中海错疏》中也包含一些有关的资料。如记载肉食性的乌鱼时指出，在池塘放养鱼之前必须清除池塘中的乌鱼。

书中还介绍了福建地区饲养草鱼和鲢鱼的方法：农历二月从鱼苗养起，先到小池，到一尺左右再移到大池，用青草喂养，九月起水。

随着鱼的成长而更换鱼池，当年可从鱼苗养成商品鱼。在草、鲢混养时，鳢鱼必须清除的经验，在今天仍有其现实意义，也反映了明代池塘养鱼的进步。

《种鱼经》又名《养鱼经》《鱼经》，作者是明代南京吴县人黄省曾。书成于1618年之前，是现存最早的淡水养鱼专著。《种鱼经》分为3篇，第一篇述鱼种，第二篇述养鱼方法，第三篇内容较少，主要记载海洋鱼类的性质及异名。重点内容在第一篇和第二篇。

在第一篇鱼种部分，记载了天然鱼苗的捕捞及养殖方法，青鱼、

草鱼鱼秧的食性，鲢鱼鱼种养殖中要注意的事项。其中所见明代松江府海边的鲻鱼养殖，是我国鲻鱼养殖的最早记载。

在第二篇鱼方法部分，对于鱼池建造，主张二池并养。其好处有可以蓄水，可以去大存小，免除鱼类受病泛塘等。池水不宜太深，深则缺氧，水温低不利鱼类生长；但池塘正北要挖深，以利鱼受光避寒。池塘环境要适应鱼类生长的需要，指出池中建人造洲岛，有利鱼类洄游，促进鱼类的成长。环池周围种植芭蕉、树木、芙蓉等植物，也有好处。

对于鱼病防除，科学地指出鱼类聚集的不可过多，否则鱼会发病；池中流入碱水石灰也会使鱼得病泛塘。强调饵料投喂要定时、定

点，要根据鱼类生长阶段及食性投喂。还指出不可捞水草喂鱼，以防夹带鱼敌入池。

《官井洋讨鱼秘诀》是一本记述福建官井洋捕大黄鱼经验的书，发现于福建宁德县。官井洋为海名。可能是老渔民口述经验，他人记录而成。

书中专讲官井洋内的暗礁位置以及鱼群早晚随着潮汐进退的动向。正文第一部分，讲述官井洋18个暗礁的位置、外形、体积和周围环境等。

第二部分讲述官井洋里找鱼群的方法，分别叙述在早、汐、中潮时分鱼群动向。最后一部分讲述捕鱼中应注意事项。内容极为详细，是一本很有实用价值的鱼书。

《然犀志》由清代李调元所著。他曾任广东学政，此书即是他任此职期间写的，成书于1779年。记述了广东沿海淡水鱼类、贝类、虾、蟹、海兽、龟、鳖等，共90余种。《丛书集成》收有该书。

《记海错》记述的是山东沿海水产动植物。作者是清代郝懿行，他考察山东沿海鱼类资源之后，写成于1807年，刊行于1879年。

由于作者是训诂学家，所以书中引用了许多古籍进行考证：本书收入作者的《郝氏遗书》中，另外在《农学丛书》中也可找到。

"海错"一词原指众多的海产品。该书记述了山东半岛常见经济鱼类、无脊椎动物以及海藻等49种，一一注明其体形特征，并考辨其异名别称。这部《记海错》是古代山东唯一一部专门辨识海洋生物的专著，具有很高的科学价值。

《海错百一录》作者是清代郭柏苍，是一本比较全面的福建水产生物区系志。写成于1886年，现存有成书当年的刻本。书分为5卷，卷一记渔，卷二记鱼；卷三记介、记壳石；卷四记虫、记盐、记海菜；卷五附记海鸟、海兽、海草。

记渔记述渔具渔法；记鱼主要记述福建沿海经济鱼类，也包括某些淡水种类；记介、记壳石主要记述蟹类，也包括琅瑞、盆等；记虫、记盐、记海菜主要记述福建海产贝类；记海鸟、海兽、海草主要记述海淡水虾类，也包括海参、沙蚕等无脊椎动物，还记述各种海藻。本书中所录大抵皆是言之有据，能经得起考证的。当然，有些解释也有其时代的局限性。书中所述奇闻颇多，也颇有趣。如对"占风草"的记载，说此草可预报台风，在天气象预报的古代，亦不失为一则具有科学价值的资料。

除了上述渔业专著外，宋代傅脘著有《蟹谱》，上篇辑录蟹的故事，下篇系自记，明代杨慎著有《异图赞》，收录鱼的资料。两书亦有一定的参考价值。

蠡湖，原名五里湖，是太湖之内湖。蠡湖湖水澄碧如镜，一派明媚秀丽的江南水乡典型风光。蠡湖之名，是无锡人根据范蠡和西施的传说而改名。

在2400多年前的春秋战国时期，越国大夫范蠡，助越灭吴后，功成身退，偕西施曾在此逗留。无锡人便借这个传说，把五里湖改称为蠡湖。

相传范蠡曾在蠡湖泛舟养鱼，他总结我国早期的养鲤经验，并结合自己的实践，在蠡湖畔渔庄撰写了我国渔业史上第一部人工养鱼的专著《养鱼经》。